KB105923

스마트폰 하나로 떠나는 니하오!

중국 다롄

스마트폰 하나로 떠나는 니하오! 중국 다롄

발행일 2016년 1월 15일

지은이 정 영 호
펴낸이 손 형 국
펴낸곳 (주)북랩
편집인 선일영 편집 김향인, 서대종, 권유선, 김성신
디자인 이현수, 신혜림, 윤미리내, 임혜수 제작 박기성, 황동현, 구성우
마케팅 김회란, 박진관, 김아름
출판등록 2004. 12. 1(제2012-000051호)
주소 서울시 금천구 가산디지털 1로 168, 우림라이온스밸리 B동 B113, 114호
홈페이지 www.book.co.kr
전화번호 (02)2026-5777 팩스 (02)2026-5747

ISBN 979-11-5585-852-3 03980 (종이책) 979-11-5585-853-0 05980 (전자책)

이 도서의 국립중앙도서관 출판예정도서목록(CIP)은 서지정보유통지원시스템 홈페이지(http://seoji.nl.go.kr)와
국가자료공동목록시스템(http://www.nl.go.kr/kolisnet)에서 이용하실 수 있습니다.
(CIP제어번호 : CIP2016000405)

스마트폰 하나로 떠나는 니하오!

중국 다롄

정영호 지음

북랩 book Lab

CONTENTS

다롄 편

뤼순 편

선양 편

부록

서문

나에겐 삶 자체가 여행이다. 대부분의 시간을 무거운 배낭을 메고 떠돌다, 온수에 샤워하고 난 후, 커피 한잔 마시는, 배낭 여행객과 같은 인생이다. 여행이란 단어를 스마트폰으로 이미지화하고 사람들과 공유했던 첫 번째 책이 나온 지 벌써 2년 넘는 시간이 흘렀다.

생활이란 여행 속에서 한숨 돌리고 가끔(혹은 자주) 떠나 볼 수 있는 시공간을 나누고자 부단히 고민했다. 『스마트폰 셔터를 누르다』의 첫 번째 이야기가 중국 칭다오의 사진 에세이 형태였다면, 두 번째 이야기인 다롄(Dalian, 大连) 편은 스마트폰으로 담은 여행 정보서다. 산동성과 요녕성의 두 대표적인 해안 도시인 칭다오와 다롄의 닮은 듯 다른 모습을 담아 알리고 싶었다. 이 책에서 안내하는 다롄(뤼순, 선양 포함)은 초봄(2월~3월),

초여름(5월~6월) 그리고 늦가을(10월~11월), 약 60일간 다렌을 둘러본 기록이다.

루쉰은 그의 저서 『고향』에서 '땅엔 원래 길이 없었으나 지나가는 사람이 많아지면서 길이 되는 것'이라 했다. 관광지라 불리는 곳도 원래 그냥 도시일 뿐이다. 방문하는 여행객들이 많아지며 여행지라는 훈장을 달게 된다.

돈이 많아 떠나거나 시간이 많아 떠나는 게 여행은 아니다. 자신에게 쉬는 시간을 줄 정도로, 자신을 사랑하기에 떠나는 게 여행이다.

돈과 시간이란 굴레에서 벗어나지 못하는 우리네 인생이기에 이 책을 통해 앞서 말한 두 가지에서 조금 자유로워진 채로 여행할 수 있게 안내하려 한다. 다롄 토박이들과 나눈 이야기를 토대로 여행 동선을 짜고, 나 홀로 여행객을 위해 부담 없이 하루 이틀 묵을 수 있는 저렴하면서 깨끗한 호텔을 찾는 작업을 했다.

내가 여행을 하면서 도시를 기억하는 방법은 흡사 그림을 그리는 방법과 같다. 점을 찍고 선을 그리고 면을 만드는 방법이다. 점을 찍는다는 것은 몇 군데 호텔을 정하는 것이고, 선을 그린다는 것은 그 호텔을 중심으로 주변을 걷고 또 걸어서 그 일대가 익숙해지게 하는 것이다. 그리고 마지막으로 면을 만드는 것은 각각 호텔을 중심으로 파악했던 방향과 주변 이미지를 엮어서 하나의 거대한 도시 이미지로 재구성해 보는 것이다.

조금 번거롭고 힘들더라도 이렇게 도시를 머릿속에 그려 놓으면 언제든지 기억 속에서 꺼내 볼 수 있는 나만의 그림이 완성된다.

이 책을 통해 다렌이란 그림을 여러분과 공유하고 싶다.

일러두기

1. 중국 지명을 비롯한 중국어 기재는 중국어 발음으로 표기하고 괄호 안에 중국어를 표기하거나 중국어와 한글 한자음을 함께 적었다.
2. 본문 내 중국어 발음의 한국어 표기는 중국어 표준 발음에 기초하여 표기하였다. 단, 다롄大连의 경우 정확한 발음상 표기는 '따리엔'이 더 합당하다. 뤼순旅顺의 또한 '뤼슌'으로 표기하는 게 중국어 발음에 더 가깝다. 그러나 우리나라에서 통용되는 발음 표기인 다롄과 뤼순으로 표기하여 혼란을 주지 않으려 했다.
3. 책 이름은 한자음대로 표기하였다.
   예) 광인일기狂人日记, 아Q정전阿Q正传
4. 내부분 사진은 스마트폰(아이폰 5S)으로 촬영하였고 일부 사진은 미러리스 카메라(소니 알파 A6000)로 촬영하였다.
5. '도시 익히기: 호텔 위치가 여행의 나침반'을 통해 다롄에 대한 방향 감각을 익힌 후, '看 보며 즐기는 다롄'을 통해 방문할 곳을 선별하기를 권한다.
6. 우리말로 중국의 화폐 단위를 '위안'이라고 하지만, 이 책에서는 중국인들이 실제로 발음하는 '위엔元'으로 표기하였다.

● 여행 예산표

총 여행 경비: 29만 원(다롄 시내권 2박 3일 기준)

여행 경비의 예로 29만 원을 책정하였다. 예로 든 경비는 나홀로 여행(비수기 기준)이란 전제하에 제시하는 대표적 금액이다.

· **항공료**: 19만 원 미만(인천~다롄 왕복 기준)
· **숙박비**: 5만 원 미만(호텔 기준, 1박에 2만 5천 원)
· **교통비**: 2만 원 미만(택시 기준)
· **식비**: 1만 8천 원 미만(1일 3식, 면 요리 위주)
· **기타**: 1만 2천 원 미만(기념품 구매 등)
· **합계**: 29만 원 미만

항공권 구입은 '인터파크 투어' 또는 '씨트립'을, 호텔 예약은 '아고다' 또는 '씨트립'을 이용하면 좋다.

인터파크 투어: http://tour.interpark.com
아고다: http://www.agoda.co.kr
씨트립: http://www.ctrip.co.kr

● 여행 코스 짜는 법

2박 3일 일정으로 여행을 떠난다는 가정하에 여행 일정에 대해 생각해 보자. 출국일 하루(오후 비행기라는 전제), 귀국일 하루(오전 비행기라는 전제)를 제외하면 온전하게 주어진 여행 시간은 단 하루다. 이 소중하고 짧은 시간 동안 다롄을 일부라도 들여다보려면 방문할 여행지를 잘 선별해야 한다. 여행 코스를 짜는 데 도움이 될 수 있도록 몇 가지 코스를 추천해 본다.

● 자연의 낭만을 즐기고 싶다면

코스 추천 1

씽하이광창星海广场 - 삔하이루滨海路- 푸찌아쭈앙꽁위엔付家庄公园

코스 추천 2

씽하이꽁위엔星海公园 - 씽하이광창星海广场 - 빼이커보우관贝壳博物馆

코스 추천 3

썬린똥우위엔森林动物园 - 삔하이루滨海路 - 푸찌아쭈앙꽁위엔付家庄公园

● 도시의 낭만을 즐기고 싶다면

코스 추천 1

라오똥꽁위엔劳动公园 - 요우하오광창友好广场 - 쭝샨광창中山广场 - 난샨펑칭이타오지에南山风情一条街

코스 추천 2

다롄시엔따이보우관大连现代博物馆 - 쭝샨광창中山广场 - 스우쿠15库와 똥팡수에이청东方水城

● 쇼핑을 즐기고 싶다면

코스 추천

이 책에서 소개하는 여러 곳을 적절히 조합해서 다롄과의 만남에 활용하길 바란다.

다롄 편

다롄 관광 지도

깐징쯔취甘井子区

다롄 공항

샤오흐어코우취沙河口区

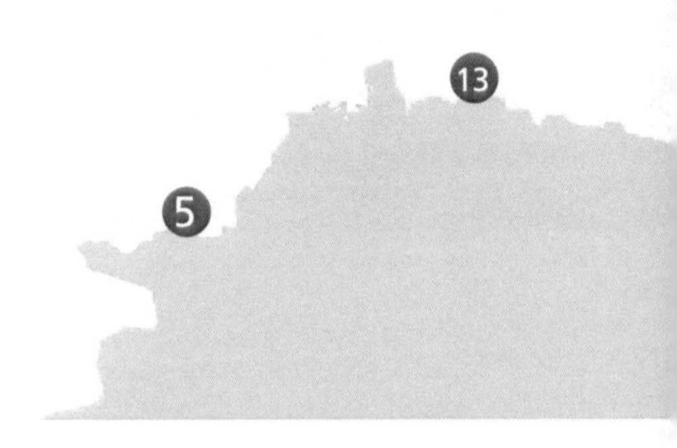

1. 다롄시엔따이보우관大连现代博物馆
2. 다롄이슈잔란관大连艺术展览馆
3. 다롄우슈원화보우관大连武术文化博物馆
4. 런민원화쮜러뿌人民文化俱乐部
5. 쯔란보우관自然博物馆와 헤이스찌아오黑石礁
6. 위런마토우鱼人码头
7. 베이따치아오北大桥
8. 썬린똥우위엔森林动物园
9. 푸찌아쭈앙꽁위엔付家庄公园
10. 옌워링燕窝岭
11. 빵추에이다오펑징취棒槌岛宾馆风景区
12. 쭝샨꽁위엔中山公园와 화꽁华宫
13. 씽하이광창星海广场와 바이니엔청띠아오百年城雕
14. 라오후탄老虎滩海洋公园
15. 런민광창人民广场
16. 아오린피커광창奥林匹克广场

17. 성리광창胜利广场
18. 쭝샨광창中山广场
19. 하이쥔광창海军广场
20. 요우하오광창友好广场
21. 얼통꽁위엔儿童公园
22. 잉시옹지니엔꽁위엔英雄纪念公园
23. 라오똥꽁위엔劳动公园
24. 다롄 기차역大连火车站
25. 어루어쓰펑칭지에俄罗斯风情街
26. 다롄쯔우위엔大连植物园
27. 스우쿠15库
28. 국제회의센터大连国际会议中心
29. 다롄TV타워大连广播电视塔
30. 다롄뉘치징찌띠大连女骑警基地
31. 띠알스쓰쭝슈에第二十四中学
32. 쏭샨쓰松山寺
33. 칭쩐쓰清真寺

다롄 여행 기본 준비물

『여권, 중국 비자, 스마트폰 지도 앱』

1. 스마트폰에 지도 앱을 깔자

요즘 중국에서 구글맵 실행이 되지 않는 경우가 많기에 미리 스마트폰에 바이두의 지도 앱을 설치하는 게 좋다. 바이두 지도 앱은 중국어 발음기호인 병음(拼音, pinyin)을 기반으로 해당 중국어를 선택하여 원하는 지명이나 건물명을 검색하고 찾아갈 수 있어, 이 책의 모든 명칭에 'Pinyin(拼音, 핀인)'을 함께 표기했다.

바이두의 지도 앱 설치 방법(아이폰 앱 스토어 기준)

방법 1 'baidu'로 검색 후 '百度地图'를 설치한다.

방법 2 '百度地图'를 직접 검색하여 설치한다.

2. 계절 차를 고려한 복장에 신경 쓰자

다롄은 중국 동북 지역에서 가장 온화한 날씨의 도시다. 하지만 한국 날씨와 비교하면, 다롄의 봄(3~4월)은 한국의 2월 초중순 날씨와 흡사하다. 해안 도시 특유의 바닷바람마저 불면 추위의 강도는 더해진다. 다롄 사람들은 다롄을 봄과 가을이 없다고 한다. 겨울 추위가 가실만하면 더운 여름 날씨가 오고, 여름이 좀 잦아들면 바로 겨울이라고 말한다. 햇볕이 뜨거운 5~9월에는 챙 모자를 준비하고, 겨울철에는 방한모자를 준비하자.

다롄 정보

중국인에게 '먹는 것은 광저우广州, 입는 것은 다롄大连'이란 말을 들을 수 있다. 이 말을 증명하듯 광저우의 음식 문화가 꽤 유명한 것처럼 다롄의 패션 문화는 타 도시와 확연히 다르게 발전했다. 특히 패션과 생활상을 통해 다롄인에게 내재하여 있는 일본 성향의 문화 또한 살펴볼 수 있다. 1980년대와 1990년대 중국의 대중잡지는 여성들에게 패션에 관심을 가지라 부추겼다. 이를 가장 잘 따른 도시가 다롄이지 않을까 추측해 본다.

다롄은 크게 6개의 취区로 나뉜다. 쫑샨취中山区, 시강취西岗区, 샤오흐어코우취沙河口区, 깐징쯔취甘井子区, 뤼순코우치旅顺口区, 찐쩌우신취金州新区다.

쫑샨취中山区는 다롄시의 국빈관이 있는 빵추에이다오펑징취棒槌岛宾馆风景区가 유명하다. 시강취西岗区의 대표적 관광지는 썬린똥우위엔森林动物园과 푸찌아쭈앙꽁위엔付家庄公园이다. 샤오흐어코우취沙河口区엔 씽하이광창星海广场이 있다. 깐징쯔취甘井子区에는 공항이 있으며, 다른 취에 비해 상대적으로 저렴한 집세로 직장인과 농민공이 선호하는 곳이다. 뤼순코우치旅顺口区는 일제강점기의 아픔을 간직한 곳이자 군사적 요충지다. 찐쩌우신취金州新区는 흔히 개발구라 불리는 지역으로 한국인과 일본인이 많이 살고 있다.

다롄에는 유독 광장이 많다. 공식적 집계로 80여 개의 광장이 있으며, 우리가 이해하는 광장의 개념만을 갖고 있지는 않다. 다롄에선 원형 교차로까지 광장이라 명명해서 부른다. 이러한 이유로 광장의 개수가 상상 외로 많다.

참고: 취区는 행정구역상 우리나라의 구에 해당한다.

교통 정보

택시

주간: 05:00~22:00

기본요금: 10위엔元(3km까지), 2위엔元(매 1km마다)

야간: 22:00~05:00

주간 요금에 약 30% 정도 추가

시내버스

요금은 1위엔元이다. 단, 에어컨이 나오는 몇몇 노선은 2위엔元이다.

공항버스

다롄공항 국내선 청사(9번 출구 맞은편)에 공항버스 매표소가 있다. 운행 구간이 다양하지 않으며 2인 이상이 여행할 경우 택시와 요금 차이도 크게 나지 않는다. 초행길인 여행객에겐 공항버스보단 시간과 체력을 아낄 수 있는 택시를 권한다.

요금: 10위엔元/1인

노선: 机场(공항)~中山广场(쭝샨광창)

다롄 여행 참고 사이트 및 지역 행사

다롄 관광국 한국어 사이트

http://kr.visitdl.com/Web/

다롄시 정부 사이트

http://www.dl.gov.cn/gov/

● 다롄 지역 행사

5월: 아카시아 축제赏槐节, 국제걷기대회国际徒步大会

7월 말: 국제맥주축제国际啤酒节

9월 초·중순: 국제패션쇼国际服装节

10월: 국제마라톤대회国际马拉松比赛

11월 초: 국제겨울수영축제国际冬泳节

다롄 시티투어 버스

운행 기간 및 시간: 5~10월 중순, 08:30~16:30

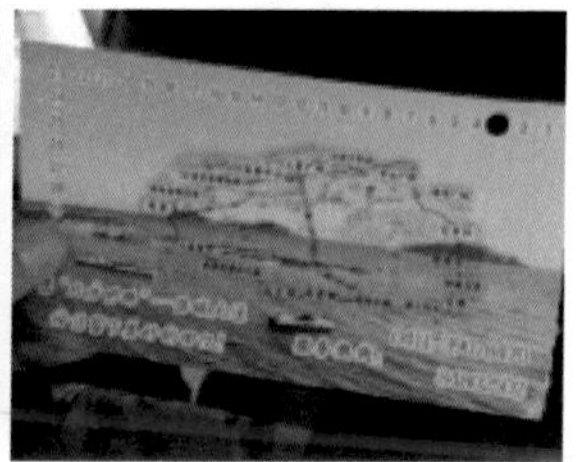

다롄 시티투어 버스는 다롄역에서 출발한다. 탑승 전 매표소에서 티켓(10위엔元)을 구입해야 한다.

종착지인 다롄역에서 티켓을 회수하니 티켓은 마지막까지 잘 보관하자.

* 주의사항: 여행 당일 아침 우천 시, 이후에 비가 그친다 하더라도 그날 시티투어 버스는 운행하지 않는다.

코스

다롄역大连火车站 - 런민광창人民广场 - 씽하이광창星海广场 - 썬린똥우위엔森林动物园 - 푸찌아쭈앙꽁위엔付家庄公园 - 옌워링燕窝岭 - 베이따치아오北大桥 - 라오후탄老虎滩 - 위런마토우鱼人码头 - 빵추에이다오棒槌岛 - 강완광창港湾广场 - 쫑샨광창中山广场 - 다롄역大连火车站

* 시티투어 버스 코스 중 도로명으로 표기되거나 불필요하다고 판단한 몇몇 정류장은 설명에서 제외시켰다.

영화 속 다롄

다롄은 중국 내 맑은 공기의 지리적 장점과 잘 갖춰진 대중교통으로 참 살기 좋은 도시다. 이런 지리적 장점 덕에 중국 내 많은 영화의 배경이 된 도시기도 하다.

〈幸福時光〉(2000), 〈蓝色爱情〉(2000), 〈爱的是你〉(2006), 〈城铁三号线〉(2006), 〈PK. COM. CN〉(2008), 〈一个人的奥林匹克〉(2008) 등이 있다. 이 중 장예모 감독의 〈幸福時光: Happy Time〉(2000)를 소개하자면, 〈幸福時光〉은 莫言(모옌)의 소설 『师傅愈来愈幽默』을 토대로 만들어진 영화다. 莫言(모옌)의 소설 『师傅愈来愈幽默』의 국내 번역서 제목은 『사부님은 갈수록 유머러스해진다』다. 〈幸福時光〉, 이 영화 속 다롄은 관광지로 포장된 가식적인 모습이 아니다. 중국인의 생활 터전으로써 주인공들의 뒤에서 숨죽이며 이야기의 배경으로만 존재할 뿐이다. 이런 배경 곳곳에 숨어 있는 다롄의 모습을 찾아내는 것도 흥미롭다.

● 각 영화 제목의 중국어 발음

幸福時光 [xìngfúshíguāng, 씽푸스꽝]

蓝色爱情 [lánsèàiqíng, 란써아이칭]

爱的是你 [àideshìnǐ, 아이더스니]

城铁三号线 [chéngtiěsānhàoxiàn, 청티에싼하오시엔]

一个人的奥林匹克 [yígèréndeàolínpǐkè, 이거런더아오린피커]

스마트폰 포토 에세이

대학 시절 소개팅을 나가기 전 상대방의 신상 정보를 캐묻고 알고자 하질 않았다. 심지어 이름 하나에만 의지한 채 약속 장소에서 그녀를 기다리기도 했다. 여행지의 볼거리에 대한 마음가짐도 가끔은 그럴 필요가 있다. 젊은 시절 커피숍에서 그녀를 기다리던 마음처럼 걸어서 또는 대중교통을 이용해서 목적지에 가는 동안 그곳에 대한 첫인상을 기대하며 설렘을 가져 본다.

중국은 나에게 있어 안식처다. 중국 친구들조차 가끔 묻는다. 공기도 안 좋은 중국이 뭐가 그리 좋느냐고……. 그럴 때 나는 그들에게 되묻곤 한다. "좋아함에 이유가 있니?", "그리움에 이유가 있니?"

조건을 전제로 좋아하다 그 조건이 어느 순간 양에 차지 않을 때 둘은 갈라서게 된다. 그게 사람이건 나라이건 내 생각은 그러하다.

● 다롄의 바다

다롄의 거리

伊家宾馆

● 다롄의 주택가

주택가 거리를 걷다 보면 자주 보게 되는 다롄만의 독특한 우체통이다. 중국은 통일된 형태의 우체통을 사용하는데, 다롄만 독특한 스타일의 우체통을 사용한다.

● 차창 밖 다렌의 풍경

맑은 공기와 깨끗한 시가지, 다롄大连

오랜만에 타 보는 국적기였다. 어느 때부턴가 해외로 나갈 때는 외국 항공을 타게 된다. 이유가 있겠는가? 저렴한 항공료 때문이지……. 첫 번째 다롄 방문에 아시아나 항공을 탔다. 사전 예약과 저렴한 항공권 날짜를 조합해서 19만 원대의 항공권을 살 수 있었다. 아침 9시 40분 비행기를 타기 위한 것 치곤 공항에 일찍 도착해 버렸다. 비행기나 버스 등 이동 일정이 잡힌 전날엔 어김없이 찾아오는 불면증으로 잠을 이루지 못하는 성격이라, 어차피 두 눈 뜨고 괴로울 바에야 공항에 가서 빈둥거리자는 의도였다. 도착하니 새벽 4시경, 아직 공항은 잠에서 깨어나기 전이었다. 벤치 하나를 전세 내고 누운 몇몇 여행객은 '여기가 공공 숙박 시설이야.' 하며 나에게도 한숨 자길 유혹했다.

자리에 앉은 지 얼마나 흘렀을까, 비행기가 금세 다롄 공항에 도착하였다. 인천공항에서 다롄까지 한 시간도 채 걸리지 않는다. 20세기 초 러시아와 일본이 쟁탈을 벌였던 이름 모를 어촌, 그리고 항구도시로 탈바꿈한 이곳을 느껴볼 시간이 시작되었다.

택시로 첫 번째 숙소인 '다렌 씨 호리즌 호텔'로 이동하였다. 해변에 있는 이곳에서 여행 첫날 해안가를 걸으며 다렌의 시간과 마주하고 싶었다.

도시 익히기:
호텔 위치가 여행의 **나침반**

동일 호텔이라 하더라도 월별 또는 계절별 금액대가 천차만별이다. 아고다 예약의 경우 S Hotel을 예약한다는 전제로 살펴보면 3월에 예약하면 5만 원대인데, 4월에 예약하면 30만 원대로 무려 6배가 넘는 금액 차이를 보인다. 예약 가능한 대련의 호텔(아고다 기준)은 400개 이상이다. 많은 호텔(게스트 하우스 포함) 중 모든 요구 조건을 만족시키는 호텔을 찾는다는 게 쉽지만은 않다. 호텔 위치를 살펴볼 수 있도록 거점별로 호텔을 방문한 후 호텔 주변의 먹거리와 볼거리를 소개하려고 한다. 호텔의 만족도에 따른 추천이 아닌 방문한 호텔을 기준으로 주변 관광이 가능한 곳을 소개하는 목적이란 점을 강조한다.

여기서 소개한 호텔을 통해 그 주변이 조금 익숙해졌다면, 이 호텔을 본인이 즐겨 사용하는 호텔 예약 사이트를 통해 검색하기 바란다. 그 후 그 호텔 주변의 다른 여러 호텔 중 평가와 시설을 비교하여 숙박할 곳을 결정하는 것이 바람직하다.

● Dalian Sea Horizon 호텔

다롄 씨 호리즌 호텔(Dalian Sea Horizon Hotel)은 해안가 주변 주택단지 근처에 있다. 호텔 내 2, 3층 레스토랑을 제외하곤 호텔 근처에 식당이나 편의점이 없다. 마사지 서비스가 있다는 안내문이 방에 비치되어 있으나, 호텔이기에 마사지는 시간 대비 비싼 편이다. 그렇다고 너무 불편해 하지 말자. 호텔에서 언덕길 방향으로 조금만 올라가면 버스 정류장이 있다. 이 정류장에서 아무 버스나 타도 상관없다. 빠이루八一路 정류장에 내리면 주변에 한식당을 비롯한 많은 식당과 몇몇 마사지 가게가 모여 있다. 마사지 가게 중 합리적인 가격과 청결한 실내를 갖춘 오우디 빠이루점鸥迪八一路店이라면 여행객에게 큰 불편은 없을 것이다.

호텔에서 한 정거장 정도 거리에 '푸찌아쭈앙'이라는 해안가 공원이 있다. 호텔에서 산책 삼아 오가며 해변을 걷고 여유를 즐기기에 좋다. 이 호텔에 머무는 동안 매일같이 푸찌아쭈앙을 방문했다. 이곳에 서서 바다 위를 분주히 날고 있는 갈매기 떼를 우두커니 보고 있자니, 황석영의 소설 『바리데기』에서 나온 바다 위 햇빛을 흩트리며 날아가는 갈매기를 묘사했던 글이 시각적으로 형상화되는 듯했다. 아마도 혼자였기에 더 감성적이 되었으리라.

늦겨울이 기승이었던 시기에 들른 푸찌아쭈앙 해변은 바람이 거세었다. 바람 때문에 얼얼해진 얼굴을 녹이려 공원 맞은편 KFC로 갔다. 다롄을 두 번째 방문했던 시기에도 푸찌아쭈앙을 들렀다. 이땐 나를 발가벗기려 안간힘을 쓰던 무더운 태양 빛을 피하고자 이곳으로 피신했다. 참고로 이 매장은 오후 6시면 문을 닫는다.

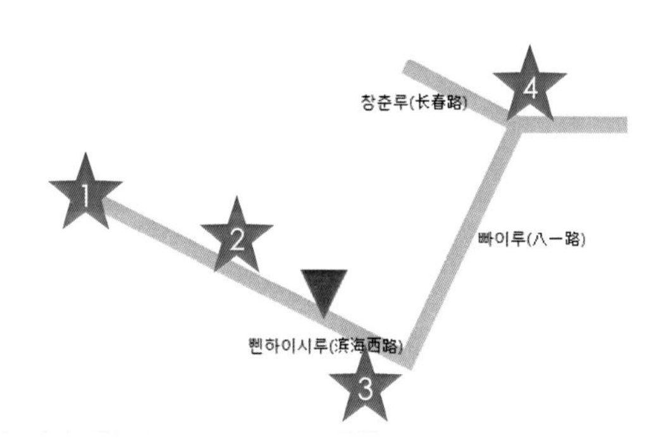

Dalian Sea Horizon Hotel

1. 씽·하이·광·창星海广场
2. 썬·린·똥·우·위엔森林动物园
3. 푸·찌아·쭈앙·꽁위엔付家庄公园
4. 오우·디 빠·이·루·띠엔鸥迪八一路店
   도로명: 뻰하이시루滨海西路, 빠이루八一路, 창춘루长春路

● Household Theme 호텔

하우스홀드 테마 호텔(Household Theme Hotel)은 런민광창人民广场 근처 호텔이다. 신호등 2~3개만 지나면 바로 런민광창이다. 런민광창의 첫 느낌은 분명 닮은 구석이 별로 없는데도 불구하고 베이징의 티엔안먼(天安门, 천안문) 앞에 서 있는 듯하였다. 남쪽에 솟대처럼 솟아 있는 게양대가 둘 사이의 연결 고리였을지도 모르겠다. 런민광창 주변에 우거져 있는 은행나무 가로숫길은 가을철 산책로로 꽤 유명하다. 이 호텔 1층은 대만식 식당과 푸드코트가 입점해 있다. 하우스홀드 테마 호텔에서 택시 기본요금이면 난샨펑칭이타오지에南山风情一条街로 갈 수 있다.

Household Theme Hotel

1. 씽·하이·광·창星海广场
2. 아오·린·피·커·광·창奥林匹克广场
3. 런·민·광·창人民广场

도로명: 똥베이루东北路, 칭춘루长春路, 신가이루新开路, 황흐어루黄河路, 쭝산루中山路

하우스홀드 테마 호텔 건물 뒤쪽으로 베이징지에北京街가 있다. 베이징지에를 따라 올라가다 보면 이슬람 사원이 나온다. 이슬람 사원의 이름은 칭쩐쓰清真寺인데, 칭쩐쓰는 이슬람 사원을 칭하는 중국식 명칭이다. 중국 음식에 도전하는 게 자신 없거나 서구적인 음식이 먹고 싶다면, 호텔 근처 팍슨 백화점(Parkson, 百盛)으로 가자.

백화점 건물과 그 주변에 KFC, 맥도날드, 서브웨이, 피자헛이 있다.

호텔 앞에서 택시를 타고 씽하이광장星海广场으로 갔다. 빼곡히 들어선 고층 빌딩들 사이로 씽하이 광장과 씽하이 공원이 보인다. 씽하이 공원에서 멀지 않는 곳에는 헤이스찌아오黑石礁가 있다. 씽하이 광장星海广场에서 큰길을 따라 해안가로 가다 보면 바이니엔청띠아오百年城雕가 있으며 이곳은 사계절 내내 관광객들로 북적인다.

● Baolian 호텔

바오리엔 호텔(Baolian Hotel)은 다렌 기차역과 가깝다. 운동 삼아 충분히 걸어갈 수 있는 정도의 거리(약 1km)다. 도로 맞은 편에 사우나 건물이 보였으나, 호텔 욕실을 놔두고 사우나까지 갈 이유는 없다. 사우나 후 발 마사지나 전신 마사지까지 받을 수 있는 시설이지만 성격상 이런 곳이 낯설다.

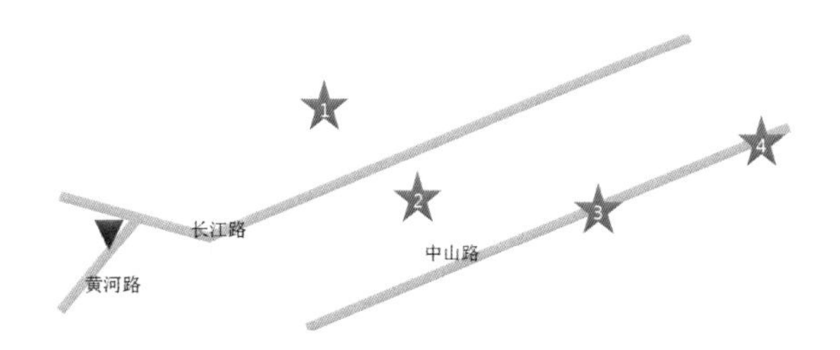

Baolian Hotel

1. 다·롄·훠·처·짠: 다롄 기차역大连火车站
2. 성·르·광·창: 승리광장胜利广场
3. 요우·하오·광·창友好广场
4. 쫑·샨·광·창中山广场

   도로명: 황흐어루黄河路, 쫑샨루中山路, 창찌앙루长江路

● Jinjiang Inn 러시아거리점

러시아거리大连俄罗斯风情街에 위치한 진지앙 인(Jinjiang Inn)은 러시아풍 건물을 개조해서 운영하는 곳이다.

진지앙 인(Jinjiang Inn) **러시아거리점**

1. 다·렌·훠·처·짠: 다렌 기치역大连火车站
2. 베이·하이·꽁위·엔北海公园
3. 다·렌·이·슈·잔·란·관: 다렌 예술전람관大连艺术展览馆
4. 니코 호텔
5. 타이디엔泰殿 마사지 살롱 창찌앙루점
6. 쫑·샨·광·창中山广场

도로명: 성리지에胜利街, 상하이루上海路, 런민루人民路, 쫑샤루中山路, 창찌앙루长江路

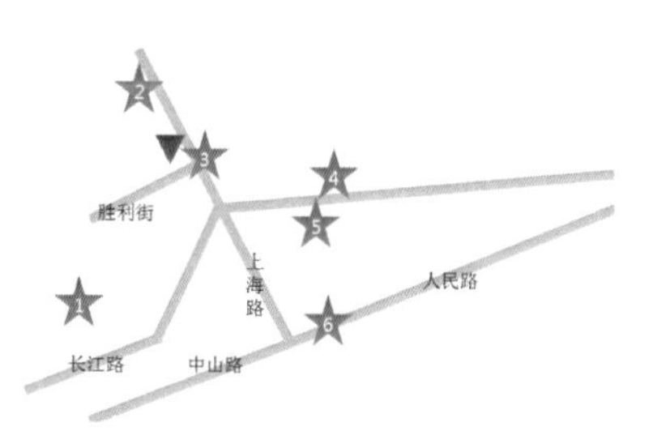

과거 러시아는 다롄을 그들의 항구로 만들고자 했다. 그러나 러일전쟁에서 일본에 패하고 일본이 다롄을 지배하게 되었다. 그 후 일본의 패망과 함께 러시아는 오랫동안 다롄에 머물렀다. 러시아거리는 이런 역사를 대변하는 러시아풍의 거리다. 진지앙 인 바로 옆 건물은 다롄 예술전람관大连艺术展览馆이다. 상시로 열리는 전시회와 무료 개방이 매력적인 곳이다. 러시아거리에서 조금 걷다 보면 니코 호텔이 나온며 니코 호텔 도로 건너편엔 여행객들이 만족하는 타이디엔泰殿 마사지 살롱 창찌앙루점이 있다. 발 마사지와 전신 마사지를 함께 받을 수 있는 코스가 129위엔元(80분)이다. 삼삼오오 오는 손님들이 많아서일까? 단체실은 어수선하고 잠시 쉬기에 편하질 않다. 10위엔元을 추가하면 개인실에서 마사지를 받을 수 있으니 개인실 이용을 고려해 보는 게 좋을 듯싶다. 그리고 니코 호텔 대각선 방향 도로 맞은편엔 일본에나 있을 법한 메이드 카페(Maid cafe)가 있다.

러시아거리를 지나서 상하이루上海路를 걷다 보면 지역민들의 쉼터인 베이하이꽁위엔北海公园이 나온다.

공원을 가로질러서 주택가 지역先进街으로 가면 오밀조밀 노점이 모여 있다.

다롄은 체리와 앵두도 유명하다. 보통 크기의 2~3배 하는 체리가 신기하면서도 매력적이다. 제철이 아닐 땐 약 3배 정도 비싸다. 다롄의 체리 철은 5월부터다.

● Ibis 호텔 싼바광창점

싼빠광창三八广场에 위치한 아이비스 호텔(Ibis Hotel) 주변은 종류별 음식점이 다양하게 있어 음식을 가리는 여행객이라면 스트레스 없이 지낼 수 있을 것이다.

Ibis Hotel 싼빠광창점

1. 얼·통·꽁·위엔儿童公园
2. 하이·쥔·광·창海军广场
3. 다·롄·쯔·우·위엔 大连植物园

도로명: 루쉰루鲁迅路, 즈꽁루职工路, 우우루五五路

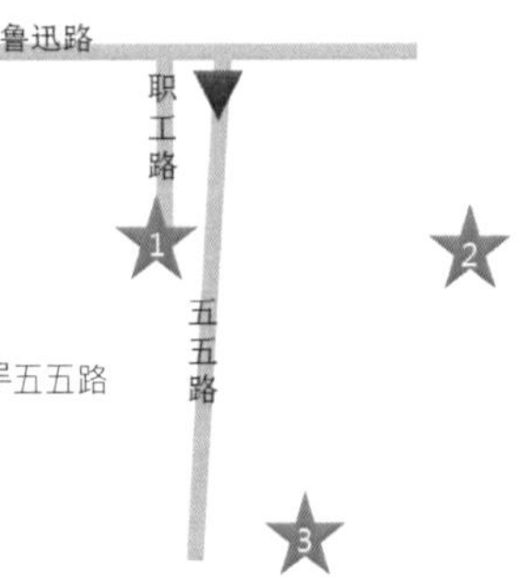

호텔 건너편 즈꽁지에職工街을 따라가다 보면 규모는 작으나 실력 좋은 마사지 가게들이 있다. 지아오즈(饺子, 중국 만두)를 좋아한다면 호텔 옆 건물의 칭흐어주안지아清和传家로 가 보자. 투명 유리로 제작된 작업실 안에서 직접 만두를 빚는데, 그 모습을 보면 절로 군침이 돈다.

호텔 대각선 방향으로 길 건너편에는 일본 음식점이 있다. 그 길 뒤편의 찌난지에济南街를 걷다 보니 평양관이라는 북한 식당이 눈에 들어 왔다. 오후 3시 무렵이었다. 간단히 시장기나 없애 보고자 문을 열었더니, 종업원들이 낯선 눈빛으로 민망하게 쳐다만 봤다. 뻘쭘해진 내가 "영업 안 하나요?"라 물으니 5시부터라 했다. 아마 이날만 유독 무슨 일이 있었겠지, 하는 생각으로 민망함을 달래 보았다.

아이비스 호텔 근처의 얼통꽁위엔(儿童公园, 아동공원)은 인공 호수와 함께 산책로가 잘 정비되어 있다. 아침저녁으로 이곳에서 산책하면서 자기 자신과 대화하는 시간을 가져 보는 것은 어떨까?

싼빠광창을 중심으로 번화가를 조금만 벗어나면 주택가와 시장의 풍경과 만난다. 특히 오후 4~5시 이후 저녁 찬거리를 준비하는 주민들, 몰려드는 사람들에 활기를 띠는 시장 상인들의 모습을 지켜보는 것이 즐겁다.

생활 속 달인을 찾는 건 그 무엇보다 신기하고 재미있는 경험이다. 기계가 연신 토해 내는 과자를 끊지 않고 둘둘 마는 과자 장수의 기술이 감탄을 자아내게 한다.

아이비스 호텔이 위치한 우우루五五路를 따라 올라가다 보면 쯔우위엔(植物园, 식물원)을 만나게 된다. 벚꽃이 피는 4월 말부턴 이곳도 호텔 주변의 볼거리로 꽤 괜찮은 장소다.

● Honglin 호텔

홍린 호텔(Honglin Hotel)은 야식거리로 유명한 티엔찐지에天津街에 있으며 요우하오광창과 러시아거리에서 가깝다.

天津街
普照街
中山路

Honglin Hotel

1. 파리바게뜨, 미니소
2. 요우·하오·광·창友好广场

도로명: 티엔찐루天津街, 푸짜오지에普照街, 쭝샨루中山路

홍린 호텔 건물의 정식 명칭은 홍린따샤鴻霖大厦다. 택시 기사에게 홍린지어우띠엔鴻霖酒店보다 홍린따샤鴻霖大厦라 말해야 좀 더 쉽게 위치를 이해한다. 호텔 시설은 열악하다. 다롄의 3월은 늦겨울처럼 추운데 난방 시스템이 작동하지 않았다. 욕실의 물줄기는 약했고, 뜨거운 물이 들쭉날쭉 나왔다. 하지만 이 호텔의 위치만큼은 천천히 걸으며 주변을 살피고 쇼핑하기에 최적이다. 특히 근처에 쇼핑거리가 있어 커피숍이 즐비하다. 그중 Amici coffee의 조식은 25위엔元이며, 커피 맛과 매장 분위기 또한 좋다.

호텔 맞은편에 파리바게뜨가 있다. 중국 상표의 빵이 입에 맞지 않는다면 파리바게뜨를 이용하는 것도 괜찮다. 파리바게뜨가 위치한 건물의 앞 거리엔 10위엔元샵이 있다.

모든 제품이 10위엔元이지만 현지 생활을 하지 않는 이상 딱히 살 만한 물건은 없다. 스마트폰 케이블을 비롯해 다양한 생활용품을 구매하고 싶다면 파리바게뜨 바로 옆 가게인 미니소(Miniso)를 추천한다.

미니소는 일본 자본이 만든 저가 생활용품 가게다. 일본 도쿄에 본사를 두고 있다. 대부분의 상품이 10~20위엔元이며 품질 또한 만족스럽다.

● Bestay 호텔 강완광창점

베스테이 호텔(Bestay Hotel)은 진지앙 인이 운영하는 저가형 브랜드 호텔로 다롄항 근처에 있다. 이 호텔은 진지앙 인보다 객실이 더 작고 비품은 최소로 비치되어 있다는 차이가 있다. 베스테이 호텔은 진지앙 인 강완광창港湾广场점 건물을 함께 사용한다.

港湾桥
人民路
五五路
港湾街

베스테이 호텔(Bestay Hotel)

1. 강·완·광·창港湾广场
2. 스·우·쿠15库
3. 다·롄·구어·지·회이·이·쯩·신: 국제회의센터 大连国际会议中心

도로명: 강완치아오港湾桥, 런민루人民路, 우우루五五路, 강완지에港湾街

며칠간 묵을 이곳에 짐을 풀고 바이두 지도를 켜고 주변을 살폈다. 젊은이들이 자주 찾는다는 15쿠가 지척이다. 지도상으로 약 1km이니 걸어서 2~3분이면 도착할 수 있다.

15쿠 앞은 넓고 쭉 뻗은 도로다. 도로를 따라 무작정 걸었다. 이미 완공된 초고층 빌딩과 하늘로 향하기 위해서 끙끙거리며 점점 높아지는, 곧 완공될 빌딩들을 둘러보며 발길이 닿는 대로 그냥 걸었다.

'바리[1]가 샤먼으로 가기 위해 잠시 머물던 항구의 그 언저리가 여기일까? 바리가 살던 그 시절 그곳은 아닐 테니 말도 안 되는 소리야.' 혼자 지껄이며 여기저기 두리번거리면서…….

걷다 보니 거대한 건물을 마주하게 되었다. 보는 방향에 따라 다른 모양을 띠는 기기묘묘한 형태의 거대한 다롄국제회의센터大连国际会议中心다.

1　황석영의 소설 『바리데기』의 주인공 이름.

다롄국제회의센터에서 조금 더 걸어 내려오다 보면 짝퉁 베네치아를 조성하고 있다는 비난을 받는 유럽풍 건물과 미술관이 조성되고 있는 거리가 나온다.

이곳의 이름은 똥팡수에이청(东方水城, 동방수성)이다. 모든 건물이 완공되면 화려함과 웅장함을 뽐내는 다롄항 주변의 새로운 랜드마크가 될 것이다.

긴 도로를 한 바퀴 돌고 나니 다리가 묵직해지며 피로감을 느꼈다. 지나쳤던 15쿠를 다시 들러 2층에 위치한 커피숍 훼이성슈띠엔回声书店에 들렀다. 갑작스럽게 핸드폰을 충전해야 하는데 보조 배터리가 없더라도 걱정하지 말자. 보증금 100위엔元에 보조 배터리를 대여해 준다. 귀가 시 배터리를 반납하며 보증금을 돌려받으면 된다.

콘센트가 없는 자리에서 노트북이 무용지물이 된 날, 신경 써서 최대한 노트북을 사용할 수 있게 안내해 준 직원의 세심한 친절함은, 이곳이 꽤 괜찮은 커피숍이라는 인상을 남겼다. 커피숍에서 바라보는 바다는 낭만적이다. 혼자라고 외로워 할 필요 없다. 바다가 친구가 되어 주고 연인이 되어 준다.

꽤 먼 거리를 걷다 기진맥진한 상태로 호텔로 돌아오는 길, 타이강니우로우미엔台港牛肉面이라는 간판이 눈에 들어오는 식당으로 무작정 들어갔다. 간판에 니우로우미엔(牛肉面, 소고기국수)이 보이자마자 고민 없이 선택했던 식당이었다. 예전 중국 생활을 할 때 처음 먹어 본 국수가 바로 이것이었다. 그리고 꽤 맛있게 먹었던 기억 때문인지, 중국을 방문할 때마다 이 면 요리는 꼭 챙겨 먹는다. 이곳 니우로우미엔의 진한 사골 국물은 일품이었다. 하지만 약간 누린내가 나는 게 흠이라면 흠이었다. 약간 거북스러웠던 누린내를 함께 시켰던 중국식 백

김치로 씻어 냈다. 그리고 중국에서 국수를 시킬 때 시앙차이(香菜, 고수)를 못 먹는다면 시앙차이는 넣지 말라고 주문 시 말하자. 대부분의 중국 면요리는 시앙차이가 곁들여 나온다.

호텔 건물에 위주찡디엔御足经典 마사지샵이 있다. 대형샵이라 비쌀 거라 걱정하지 말자. 시설 대비 합리적인 가격의 서비스를 제공하고 있다. 마사지는 종류에 따라 기본 99위엔元부터 100위엔元대, 200위엔元대, 그리고 400~500위엔元 대의 고가의 마사지까지 다양하다.

호텔 주변을 살펴보고 난 후 택시를 타고, 다롄 친구들이 중국 주석의 휴양지로 유명하다며 추천해 준 빵추에이다오평징취棒槌岛宾馆风景区로 갔다.

● Hanting 호텔 해양대학점

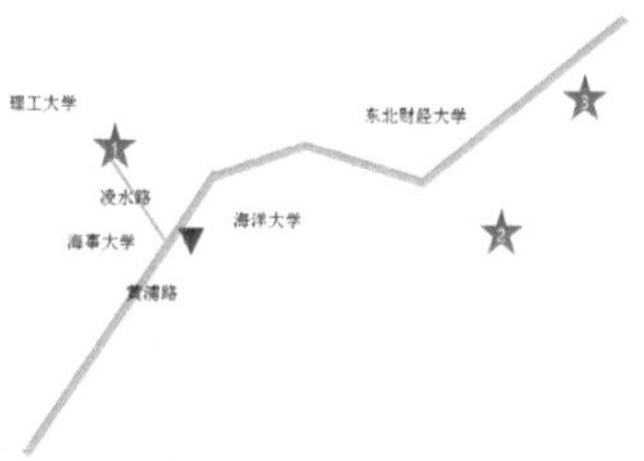

한팅호텔 해양대학점

1. 훠·처·주·티·카·페이(火车主题咖啡, 기차카페거리)
2. 헤이스찌아오 & 자연박물관15库
3. 씽하이꽁위엔 & 씽하이광창

   도로명: 황푸루黄浦路, 링수에이루凌水路

한팅호텔은 IT 기업들이 모여 있는 소프트웨어 파크 지역(샤오흐어코우취)에 위치한 호텔로 인근에 해양대학, 이공대학 등 대학들이 밀집해 있다.

슈마광창数码广场 전경

진지앙 인과 같은 등급의 호텔이지만 진지앙 인에 비해 조금 낙후된 시설이다. 도로 맞은 편 마트와 음식 가게들이 입점한 건물이 있어 식사 때문에 불편할 일은 없다. 걸어서 15분 정도 거리에 완다광창(대형 쇼핑몰 브랜드)이 있다. 이 호텔은 헤이스찌아오黑石礁와 가깝다. 한팅 호텔 해양대학점은 자체 저가형 브랜드인 하이요우 호텔海友酒店도 함께 운영한다.

호텔에서 걸어서 10분 정도 거리(이공대학 남문 근처)에 2015년 5월경 문을 연 기차카페거리가 있다.

운행이 중단된 선로에 실제 사용했던 구형 기차 몇 량을 다롄시에서 보존시켜 기차를 테마로 카페거리를 조성해 놨다.

기차카페거리의 중국어 명칭은 火车主题商业街 이다.

다롄에서 만난 사람

● '난난': 소녀의 기억 속 이발소

난난은 난샨펑칭이티아오지에南山风情一条街 근처에 산다. 난샨펑칭이티아오지에南山风情一条街는 전통적으로 오래된 가옥이 밀집해 있는 곳이다. 하지만 이곳도 개발을 하며 오래된 가옥을 헐고 새롭게 형성된 부촌으로 탈바꿈한 지 오래다.

쭝샨취中山区의 재개발로 사라져 가는 옛 가옥들

첸란이 그녀의 저서 『웰컴 투 차이나』에서 중국은 온통 헐리고 새롭게 변하는 바람에 옛 건물이 있던 장소마저 몰라볼 정도라 말했듯, 개발 그리고 현대화는 전통과 세월을 없애는 작업인지도 모른다.

난난은 소학교(우리나라의 초등학교) 시절 사내아이처럼 머리를 짧게 잘랐다 한다. 그녀가 다녔던 학교의 엄격한 교칙 때문이었다. 그녀와 쫑샨취 거리를 구경하다 아주 허름한 이발소를 보게 되었다. 그녀가 어릴 적 다녔던 이발소라고 하였다.

여자아이였는데도 사내아이처럼 머릴 잘랐었기에 이발소를 애용했던 게 이상하지 않았다 한다. 이발소 여주인은 그녀를 기억하지 못했다.

"여자아이가 여길 왔을 리 없어."

"네가 잘못 기억하고 있는 거야."

난난이 그때 상황을 설명하며 "확실해요."를 연신 내뱉었다. 그제야 주인은 "그래, 그랬겠네!" 하며 그녀의 기억에 수긍했다.

● '젠': 중국과 인연이 깊은 태국인

쌀쌀한 바람이 부는 3월 어느 날, 태국인 젠과 이야기를 나누었다. 그녀는 봄 날씨임에도 두툼한 장갑을 끼고 나타났다. 그도 그럴 것이 더운 기후에 익숙한 그녀에겐 날씨가 조금만 추워도 매섭게 느껴질 것이다. 우리는 쭝샨광창 인근 커피숍에 자리를 잡고 앉았다. 태국은 법적인 이름과 평소에 부르는 별명, 두 가지 이름을 가지고 있다고 했다. 젠이란 이름은 그 친구의 별명이다. 그녀는 태국에서 중국 관련 학과를 졸업하고, 다롄에서 어학연수를 했다. 그녀를 만났던 시기엔 다롄에서 직장 생활을 하고 있었다. 다롄과 인연이 참 깊은 사람 아닌가? 곧 퇴사 후 본인만의 사업을 시작한다고 했다. 지금쯤 방콕으로 돌아가 중국 관련 여행 사업을 시작했을까?

● '시아오왕': 커피숍을 연 젊은 창업자

다롄에서 친구가 된 시아오왕은 내몽고 출신이다. 그는 내게 중국의 진짜 맥주가 뭔지 아느냐고 물었다. 한국 사람들이 좋아하는 칭다오 맥주보다 더 좋은 맥주가 있다는 거였다. 그 맥주는 하이라얼 맥주海拉尔啤酒라 하였다. 하이라얼 맥주 회사는 내몽고에 있는 주류회사로 자치구 중에서도 손꼽히는 주류 회사이다. 이 회사에서 생산되는 맥주인 하이라얼 맥주는 런민따회이탕人民大会堂에 납품되는 맥주이다. 그는 런민따회이탕(인민대회당)에서 인정받은 맥주인 내몽고의 맥주야말로 중국 최고의 맥주가 아니냐고 자랑스러워했다.

● '밍밍': 배포 큰 여성 엔지니어

시아오왕이 소개해준 밍밍은 여성 엔지니어다. 그녀는 다롄 사투리에 상당수 일본식 발음이 내재돼 있다고 말했다. 이 또한 일제강점기의 잔재이지 않을까?

그녀는 다롄역의 설계, 시공이 잘 되어 있어 예전 장마철 인근 건물은 물에 잠기는 상황일 때도 다롄역은 아무 문제 없었다며 옛 건물의 설계에 대해 이야기를 들려주었다.

직장인인 그녀가 들려주는 다롄 물가에 대한 체감 스트레스는 더 와 닿았다. 타 도시와 급여 수준은 비슷하나 생활비의 비중은 상당히 높다. 물가가 대략 20~30% 가량 높다는 불만을 토해 냈다.

看 보며 즐기는 다롄

('다롄 여행지 목록' 편에 병음에 따른 가나다순으로 재차 소개하였다.)

● 박물관과 공연장

다·롄·시엔·따이·보·우·관(大连现代博物馆, 다롄 현대박물관)

大连现代博物馆 [dàliánxiàndàibówùguǎn]

주소: 沙河口区会展路10号

운영: 09:00~16:30(매주 월요일 휴관)

입장료: 무료(여권 필요)

다롄시엔따이보우관(다롄 현대박물관)은 국가 지정 AAAA급 관광지다. 다롄의 근현대사를 소개하는 곳으로 짧은 시간 안에 다롄에 대한 이해를 하고 싶다면 가장 먼저 들러야 할 곳이다.

다·롄·이·슈·잔·란·관(大连艺术展览馆, 다롄 예술전람관)

大连艺术展览馆 [dàlián yìshùzhǎnlǎnguǎn]

주소: 西岗区胜利街35号

개방시간: 09:00~16:00(매주 월요일 휴관)

1902년에 건설되었으며, 현재 전국중요문물보호구역으로 지정되어 있다. 건설 후 일본동해기선 주식회사日本东海轮船株式会社 등이 사용했으며, 1997년 예술전람관으로 새롭게 개장하였다.

다·롄·우·슈·원·화·보·우·관(大连武术文化博物馆, 다롄 무술문화박물관)

大连武术文化博物馆 [dàlián wǔshùwénhuàbówùguǎn]

주소: 西岗区滨海北路1号

개방 시간: 09:00~16:00(11:00~13:00 입장 불가, 매주 월요일 휴관)

다롄 무술문화박물관은 개인 투자가가 박물관 건립 후 시에 기증하였다. 현재 다롄 시정부가 박물관, 공연장, 그리고 일반인 무술 교육장을 운영하고 있다. 5~10월 초 여행 성수기 중 유료 무술 공연이 있다. 공연 관련 정보는 박물관 사이트(dlwsbwg.com)에서 확인할 수 있다.

런·민·원·화·쮜·러·뿌人民文化俱乐部

人民文化俱乐部 [rénmínwénhuàjùlèbù]

주소: 中山区中山路552号中山广场8号

1951년 완공되었을 당시 중국 내 가장 선진화된 극장 건축물 중 하나였다. 현재 다롄시의 정치 및 문화 활동의 중심 역할을 하고 있다.

쯔·란·보·우·관(自然博物馆, 자연박물관), **헤이·스·찌아오**(黑石礁, 흑석초)

쯔란보우관自然博物馆

自然博物馆 [zìránbówùguǎn], 黑石礁 [hēishíjiāo]

주소: 沙河口区黑石礁西村街10号

운영: 09:00~16:30(매주 월요일 휴관)

입장료: 무료(여권 불필요)

쯔란보우관(신관)은 씽하이꽁위엔 서쪽, 헤이스찌아오에 위치해 있다. 이곳은 1998년 완공된 후 일반인에게 개방되었다. 다양한 공룡 화석과 해양 동물들이 전시되어 있다.

헤이·스·찌아오黑石礁

포토존으로 추천

쯔란보우관自然博物馆와 헤이스찌아오黑石礁은 한곳에 있다 이해하면 찾아가기 쉽다. 쯔란보우관 근처 해안이 헤이스찌아오黑石礁다. 이곳은 수십억 년 전 형성된 카르스트 지형이다. 헤이스찌아오에서 보이는 씽하이광창과 그 주변 건물들이 만들어내는 모습이 근사하다.

● 도심 풍경과 관광

위·런·마·토우(鱼人码头, 어인부두)

鱼人码头 [yúrén mǎtou]

주소: 大连市中山区滨海中路13号 인근

위런마토우는 후탄위강(虎滩渔港, 호탄어항)[2] 내 위치한 항구다. 레스토랑과 커피숍 등 상업거리가 조성되어 있다. 위런마토우 인근에는 라오후탄(老虎滩, 노호탄) 해양공원이 있다. 위런마토우에서 라오후탄 해양공원 남문으로 걸어갈 수 있다.

---

2 위강(渔港, 어항): 어항은 어선이 정박하는 항구를 칭하는 명칭이다.

베이·따·치아오北大桥

北大桥 [běidàqiáo]

北大桥는1984년 5월에 착공하여 약 3여 년에 걸쳐 완공된 다리다. 다롄시大连市와 일본 기타큐슈시北九州市의 우호결연을 기념하여 두 도시의 이름을 따서 다롄에 베이따치아오(北大桥, 북대교)를 건설하고 일본 기타큐슈시에 베이따팅(大北亭, 대북정)을 만들었다. 베이따치아오는 영화 〈란써아이칭蓝色爱情〉의 촬영지기도 하다. 이곳에서 바라보면 해안 경치가 아름답다. 대중교통으로 방문하긴 어렵다. 다롄 시티투어 버스를 이용해서 방문하는 게 좋다.

썬·린·똥·우·위엔森林动物园

森林动物园 [sēnlíndòngwùyuán]

주소: 西岗区南石道街迎春路60号
운영: 08:30~16:30
입장료: 120위엔元

썬린똥우위엔(삼림동물원)은 국가 지정 AAAA급 관광지다. 동물원의 웹사이트 주소는 www.dlzoo.com이다. 드넓은 동물원에서 알찬 시간을 보내고자 한다면 사이트를 통해 미리 정보를 습득한 후 방문하는 게 좋을 것이다.

동물원 매표소 앞에서 비둘기 모이를 파는 노점이 인상적이다.

푸·찌아·쭈앙·꽁·위엔付家庄公园

付家庄公园 [fùjiāzhuānggōngyuán]

주소: 西岗区滨海西路53号

푸찌아쭈앙꽁위엔 해수욕장은 씽하이꽁위엔 해수욕장星海公园浴场, 빵추에이다오 해수욕장棒槌岛浴场, 시아지아흐어즈 해수욕장夏家河子海水浴场과 함께 다렌의 4대 해수욕장 중 한 곳이다. 쭈앙庄은 마을을 의미한다. 푸찌아쭈앙을 번역하면 '푸 씨 마을'이라 할 수 있다.

옌·워·링燕窝岭

燕窝岭 [yànwōlǐng]

옌워링은 '새 둥지 고개'란 뜻으로 산에서 다롄의 해변을 한 눈에 조망할 수 있는 관광 포인트 중 한 곳이다. 푸찌아쭈앙 꽁위엔과 가깝지만 옌워링으로 가는 교통편이 좋질 못하다. 방문할 계획이 있다면 택시나 다롄 시티투어 버스를 이용해서 방문하는 게 좋다.

빵·추에이·다오·펑·징·취棒槌岛宾馆风景区

棒槌岛宾馆风景区 [bàngchuídǎo bīnguǎn fēngjǐngqū]

주소: 中山区迎宾路1号

입장료: 20위엔元

빵추에이다오삔관棒槌岛宾馆은 다롄시의 국빈관이다. 이 국빈관이 있는 관광 지역을 빵추에이다오펑징취라 부른다. 이곳은 의전 행사가 없을 시 일반인의 출입이 가능하며, 정문에서 해안까지 산책을 하면서 사진 촬영을 즐기기에 좋다. 유럽풍의 건물들을 배경으로 결혼 야외 촬영을 하는 커플들도 종종 볼 수 있다. 단점이라면 교통편이 좋질 못하다. 운 좋게 빈 차로 나오는 택시를 잡을 수 있다면 모를까 그렇지 않으면 약 4㎞ 밖에 위치한 버스 정류장까지 걸어야 한다. 물론 규모도 상당히 넓기에 그곳을 걷다가 지치기 충분하다. 사진 속 바다 건너 보이는 섬이 빵추에이다오棒槌岛이다. 해안가에 마오저똥毛泽东의 친필 서체로 棒槌岛라 새겨진 비석이 놓여 있다. 빵추에이다오棒槌岛 앞까지 가서 풍경을 한번 둘러볼 목적이라면, 택시로 이동한 후 택시 기사에게 양해를 구하고 잠시 사진촬영 등, 시간을 가진 뒤 택시로 다음 목적지까지 이동하는 것도 고려해 볼 만하다.

쫑·샨·꽁·위엔(中山公园, 중산공원), **화·꽁**华宫

中山公园 [zhōngshāngōngyuán], 华宫 [huágōng]

주소: 联合路62号

아오린피커광창奥林匹克广场 가까운 곳에 쫑샨꽁위엔中山公园이 있다. 공원의 출입구는 총 6개东门, 西门, 南门, 北门, 东南门, 西北门다. 쫑샨꽁위엔 남문으로 들어가니 쫑샨씨앙광창中山像广场이 나왔다.

쫑샨씨앙광창中山像广场에서 쑨쫑샨孙中山의 동상이 사람들을 반긴다.

쑨쫑샨의 원래 이름은 쑨원孙文이며 쫑샨은 그의 호다. 그는 예기礼记에 나오는 大道之行 天下為公(대도지행 천하위공)를 좌우명으로 삼고 중국 혁명의 중심에 있던 인물이다. 삼민주의三民主义[3]를 제창한 그는 중국 근현대사에서 중요한 인물 중 한 명이다. 난징南京 동쪽에 자리 잡고 있는 즈찐샨紫金山에 그의 묘가 있다. 중국의 대표적인 도시마다 그를 기리는 쫑샨꽁위엔이 한군데씩 있다. 중국내 쫑샨꽁위엔은 현재 전국적으로 34개가 있다. 공원 내 화꽁华宫이라는 골동품시장이 있다.

3 '마땅히 지켜야할 도리를 행하면 세상이 공평해진다'는 뜻이다.

이곳은 2015년 현재 리모델링 공사 중으로 접근이 불가능하나 불상이 모셔진 티엔왕띠엔(天王殿, 천왕전)은 관람이 가능하다. 화꽁은 공원의 동남문东南门에서 가깝다.

2015년 가을, 화꽁 건물 1층에 호텔이 개장하였다.

씽·하이·광·창星海广场, 바이·니엔·청·띠아오百年城雕

포토존으로 추천

星海广场 [xīnghǎiguǎngchǎng], 百年城雕 [bǎiniánchéngdiāo]

주소: 沙河口区中山路572号星海广场

씽하이광창의 한자식 명칭은 <성해광장>이며 아시아에서 가장 큰 도심 광장이다. 다롄을 대표하는 장소 중 한 곳이다. 삔하이루滨海路 산책로가 잘 정비되어 있으니 날씨가 좋은 날엔 썬린똥우위엔(삼림동물원)까지 걸어가 보는 것도 좋다.

광장 중앙에는 1997년 홍콩의 중국 반환을 기념하기 위해서
높이 1,997m, 지름 1.997m의 중국 내 가장 큰 백옥 돌기둥이 세워져 있다.

바이·니엔·청·띠아오百年城雕
바이니엔청띠아오百年城雕는 책이 펼쳐진 형상이다.
펼쳐진 책의 모습은 100년 후 다롄의 새로운 장을 열자는 의미다.

라오·후·탄(老虎滩海洋公园, 노호탄 해양공원)

老虎滩 [lǎohǔtān]

주소: 中山区滨海中路9号

운영: 08:00~17:00

입장료: 성수기(3월 21일~10월 31일) 220위엔元, 비수기(11월 1일~3월 20일) 190위엔元

라오후탄 해양공원은 중국 내 해안가에 위치한 해양공원 중 가장 큰 규모다. 공원 내 수족관과 조류 공원 등이 조성되어 있다. 잠깐 둘러 보기엔 입장료가 만만치 않다. 입장료를 감안하면 적어도 반나절 정도 시간을 할애해야 할 관광지이다. 짧은 일정으로 다롄을 여행한다면, 과감히 이곳 방문을 포기하고 시간을 아끼는 것도 여행 방법 중 하나다.

런·민·광·창(人民广场, 인민광장)

人民广场 [rénmínguǎngchǎng]

주소: 西岗区人民广场

런민광창은 다롄시 정부 기관이 모여 있는 행정중심시다. 광장을 중심으로 북쪽으로 시정부청사, 동쪽엔 공안국 그리고 광장 건너편에 인민법원 등이 있다. 남쪽 방향으론 국기 게양대와 음악 분수가 자리 잡고 있다. 광장 중앙은 잔디로 꾸며져 있고 여러 갈래 길로 보행자 통로가 조성되어 있다. 아침 저녁으로 런민광창人民广场 을 걸어 보는 것도 좋다. 인민광장을 지나는 버스는 11, 16, 24, 43, 500, 513, 532, 533, 534, 702, 703, 708, 710路[4] 등이다.

아오·린·피·커·광·창(奥林匹克广场, 올림픽광장)

奥林匹克广场 [àolínpǐkèguǎngchǎng]

주소: 西岗区奥林匹克广场

4 路 [lù, 루] 중국에선 버스 번호를 路로 매겨 부른다.

아오린피커광장奥林匹克广场은 팍슨 백화점(Parkson 百盛) 맞은편에 있다. 광장 상징물은 刘长春(리우창춘)의 동상과 오륜기다. 그의 일대기는 <一个人的奥林匹克>란 제목으로 영화화 되었다. 刘长春(리우창춘)은 당시 중국에서 유명한 육상 단거리 선수였으며, 중국을 대표해 올림픽(제10회 올림픽, 로스엔젤레스 개최)에 참가한 최초의 선수다.

刘长春(리우창춘)은 동북대학东北大学 졸업 후 다롄이공대학大连理工大学의 교수로 재직했다. 그가 교수로 재직했던 다롄리꽁따슈에(大连理工大学, 대련이공대학)은 영화 <一个人的奥林匹克>의 배경이 된 곳이기도 하다.

셩·리·광·창(胜利广场, 승리광장)

胜利广场 [shènglìguǎngchǎng]

주소: 中山区中山路胜利广场

승리광장 지하에 미로 같은 지하상가(지하3층 규모)가 형성되어 있다.

출입구만 해도 50개 이상이다. 승리광장 주변 야경 또한 꽤 인상 깊다. 낮에 방문해서 방향 감각을 익힌 후 야경을 즐기며 주변을 다시 걸어 보는 것이 좋다.

광장 앞에 시외 버스 터미널이 있다. 평일 오후였지만 여러 지역으로 가기 위해 표를 사고 버스에 탑승하려 줄 서 있는 모습이 인상적이었다.

승리광장 저 건너편으로 다렌역이 보인다.

쫑·샨·광·창(中山广场, 중산광장)

中山广场 [zhōngshānguǎngchǎng]

쫑샨광창을 중심으로 금융회사가 모여 있다. 일본이 다롄을 지배하던 시절 쫑샨광창을 부르던 명칭은 따광창(大广场, 대광장)이었다. Bank of China(중국은행) 건물 옆 상시적으로 공연이 열리는 런민원화쮜러뿌(人民文化俱乐部, 인민문화구락부)가 있다.

다롄에서 가장 넓은 도로인 쫑산루(中山路, 중산로)는 쫑산광장에서부터 시작된다.
샤오흐어코우취의동북재경대학东北财经大学까지 이어진다.

공항행 710번 버스 정류장은 신화서점에서 가깝다.

하이·쥔·광·창(海军广场, 해군광장)

海军广场 [hǎijūnguǎngchǎng]

다롄의 하이쥔광창(해군광장)은 영국과 미국에 이어 세계에서 3번째로 해군광장이라 이름 붙인 광장이다. 얼치광창二七广场 남쪽 방향에 위치한다. 광장의 동서남북으로 음악 분수가 설치되어 있다.

요우·하오·광·창友好广场

友好广场 [yǒuhǎoguǎngchǎng]

요우하오광창은 1950년 중국과 소련(현, 러시아)의 우호 관계를 기념하기 위해 건설된 광장이다. 광장의 이름 또한 우호 관계를 뜻하는 요우하오友好로 정하였다. 광장 중심에 있는 15m 높이의 수정구는 1996년에 설치되었다. 광장 주변에 극장, 커피숍, 레스토랑 등이 밀집되어 있다.

얼·통·꽁·위엔儿童公园

儿童公园 [értónggōngyuán]

주소: 中山区南山路199-1号

일제강점기 때부터 있던 공원 자리로 1972년 얼통꽁위엔으로 개명된 후 현대식 공원으로 재개발되었다. 숙소가 인근이라면 아침저녁 산책 코스로 좋은 곳이다.

잉·시옹·지·니엔·꽁·위엔英雄纪念公园

英雄纪念公园 [yīngxióng jìniàn gōngyuán]

주소: 西岗区纪念街98号

잉시옹지니엔꽁위엔(영웅기념공원)은 중국의 영웅(열사)을 기리기 위해 만들어진 공원이다.

공원의 산 정상에선 다롄TV타워를 가깝게 볼 수 있다.

라오·똥·꽁·위엔(劳动公园,노동공원)

劳动公园 [láodòng gōngyuán]

라오똥꽁위엔(노동공원)은 다롄의 공원 중 가장 큰 규모를 자랑한다. 일반적으로 무료 입장이다. 하지만 매년 4월 중순경부터 5월 중순까지 노동절(5.1) 기간으로 지정되어 유료 개방(어른 20위엔元, 어린이 10위엔元)된다.

띠알스쓰쫑슈에第二十四中学를 지나 라오똥꽁위엔똥먼(东门, 동문)을 통해 공원 안으로 들어서면 저 멀리 거대한 축구공이 방문객을 반긴다. 한때 다롄의 축구팀이 유명했던 시절을 떠올리게 해주는 조형물이다. 축구공이 놓여 있는 주치어우광창(足球广场, 축구광장)으로 가는 길엔 십이지신상을 형상화한 조각상이 계단 양옆으로 서 있다. 주치어우광창을 지나면 다롄꽌광타大连观光塔로 가는 매표소가 나온다. 주치어우광창(足球广场, 축구광장)은 공원 난먼(南门, 남문)에서 가깝다.

다·롄·훠·처·짠(大连火车站, 다롄 기차역)

大连火车站 [dàliánhuǒchēzhàn]

주소: 中山区长江路259号

다롄 기차역은 1935년 개장하였고, 매년 2,000여만 명이 이용하고 있다.

다롄 기차역은 개발구까지 가는 버스 종점이기도 하다. 개발구에 갈 계획이 있다면 기차역에서 버스를 타자. 버스요금은 2위엔元이다. 기차역에서 출발하는 시티투어 버스는 5~10월까지만 운행한다. 저렴한 비용(10위엔元)으로 도시와 친숙해질 기회를 가지고 싶다면 이 기간에 다롄을 방문해야 한다.

기차역에서 조금 걷다 보면 쭝샨광창中山广场이 나온다. 쭝샨광창 주변으로 티엔찐지에天津街 먹거리 거리, 新华书店(신화서점), 요우하오광창友好广场이 있다.

난·샨·펑·칭·이·티아오·지에南山风情一条街

南山风情一条街 [nánshānfēngqíngyìtiáojiē]

난샨펑칭이타오지에南山风情一条街와 르번펑칭이타오지에日本风情一条街는 동일한 곳이다. 일반적으로 다롄 사람들은 르번펑칭이타오지에日本风情一条街라 부르지만 여행 서적 등에서 난샨펑칭이타오지에南山风情一条街로 표기되어 있기도 하다. 난샨(南山, 남산)이라고 하여 산에 위치한 곳은 아니다. 난샨 자락에 만들어진 길이라 난샨지에南山街라 불린다.

어·루어·쓰·펑·칭·지에(俄罗斯风情街, 러시아거리)

포토존으로 추천

俄罗斯风情街 [éluósīfēngqíngjiē]

주소: 西岗区胜利桥北

다롄의 어루어쓰펑칭지에大连俄罗斯风情街는 백여 년의 역사를 간직한 거리다. 19~20세기 양식의 러시아 건축물을 보존하고 있다. 어루어쓰펑칭지에와 다롄역 사잇길에 다롄에서 가장 번화한 상점거리인 따차이스大菜市가 있다.

다·롄·쯔·우·위엔大连植物园

大连植物园 [dàlián zhíwùyuán]

주소: 中山区望海街39号

다롄 식물원은 1920년에 조성되었으며, 그 당시 명칭은 난샨루꽁위엔(南山麓公园, 남산기슭공원)이었다. 1980년대 쯔우위엔植物园으로 개명되었다.

스·우·쿠15库

15库 [shíwǔkù]

주소: 中山区港湾广场에서 100m

15쿠는 1929년 일본이 항구 내에 창고로 지은 건물이었다. 현재 은행, 커피숍, 레스토랑 등이 입점한 상업 건물로 사용되고 있다. 15쿠는 다롄의 바다를 한눈에 조망할 수 있는 전망대 역할도 한다.

다·롄·구어·지·회이·이·쭝·신(大连国际会议中心, 국제회의센터)

大连国际会议中心 [dàlián guójìhuìyìzhōngxīn]

다롄국제회의센터의 외벽은 천공금속판으로 마감되어 있다. 불규칙적으로 마감된 외벽은 방향과 빛에 따라 달라지는 형태로, 독특한 볼거리를 제공한다.

다롄국제회의센터 앞 광장엔 다롄항이 최초 개항했던 위치임을 알리는 기념비纪念铭가 2013년 8월 9일 설치되어 놓여 있다.

● 다·롄·광·뽀어·띠엔·스·타(大连广播电视塔, 다롄TV타워), 광·띠엔·쭝·신广电中心

다롄TV타워大连广播电视塔

大连广播电视塔 [dàliánguǎngbōdiànshìtǎ]
운영: 하절기-08:30~22:00,
동절기-09:00~20:00

다롄TV타워는 '관광타워'라고도 불린다. 라오똥꽁위엔 남쪽의 산에 위치한다. TV타워의 높이는 190m이며, 타워 전망대는 12각형의 모양을 하고 있다.

라오똥꽁위엔에서 리프트카를 타고 꽌광타까지 가는 티켓은 왕복 50위엔元이다. 리프트카 매표소에서 꽌광타 자유이용권을 100위엔元에 판매하나 상술일 뿐이다. 꽌광타에 도착한 후 50위엔元짜리 입장권을 구입하면 된다.

라오똥꽁위엔을 거치지 않고 꽌광타로 가는 방법은 택시를 타고 다롄TV타워 앞까지 가거나, 띠엔스타짠(电视塔站, TV탑 정류장)이나 라오똥꽁위엔劳动公园을 지나는 버스를 타면 된다.

버스 정보는 바이두 지도를 스마트폰에 다운받아 출발지를 본인 위치로 잡고 목적지를 다롄꽌광타大连观光塔로 설정한 후 버스 노선을 검색하면 된다.

다롄꽌광타大连观光塔 버스정류장 인근에 다롄TV타워까지 올라갈 수 있는 등산로가 있다. 버스 정류장은 라오똥꽁위엔 남문 기준으로, 도로 맞은편이다.

광띠엔쫑신广电中心

广电中心 [guǎngdiànzhōngxīn]
주소: 沙河口区同泰街95之2-3号

광띠엔쫑신广电中心의 다른 명칭은 따리엔광뽀어띠엔스타이(大连广播电视台, 다롄 방송국)다. 다롄 방송국은 2010년 정식 개국하였으며, 총 8개의 TV 채널을 운영 중이다.

다·롄·뉘·치·징·찌·띠(大连女骑警基地, 기마여경기지)

大连女骑警基地 [dàliánnǚqíjǐngjīdì]

다롄의 기마여경은 다롄의 대표적인 볼거리 중 하나다. 씽하이광창엔 기마여경의 동상이 관광객들을 반긴다. 이곳 뉘치징찌띠女骑警基地는 5월 1일부터 10월 15일까지 매주 수요일과 토요일, 일반인에게 개방되는 다롄의 명소 중 한곳이다. 2015년 현재, 잠정적으로 일반인에게 개방이 중단된 상태다.

● 교육

띠·알·스·쓰·쭝·슈에(第二十四中学, 제24중학)

第二十四中学 [dì'èrshísìzhōngxué]
주소: 中山区解放路217号

다렌의 중고등학교는 제1 중학第一中学, 제2 중학第二中学 등 숫자로 불린다. 학교별 서열순은 아니며, 다렌 시정부를 기준으로 거리상 가장 가까운 중고등학교가 '第一中学'가 되었다.

다롄 중고등학교 중 시험을 거친 우수한 인재들이 몰리고 다롄 토박이에게 가장 아름다운 학교로 인정받는 곳은 第二十四中学이다. 건물 외부엔 '과학은 우리 주변에 존재한다'는 글귀와 함께 '뫼비우스의 띠' 조각상이 있다.

띠알스쓰쫑슈에 옆에 라오똥꽁위엔劳动公园이 있다. 다롄에서 가장 유명한 중고등학교와 공원이 나란히 자리 잡고 있는 것이다. 라오똥꽁위엔은 다롄을 상징하는 시민들의 대표적인 휴식 공간 중 한 곳이다.

신·화·슈·띠엔(新华书店, 신화서점)

新华书店 [xīnhuáshūdiàn]
주소: 中山区同兴街69号

다롄 시내에 신화서점은 몇 군데 있지만 그중 가장 큰 규모는 통씽지에同兴街 지점이다. 이곳에서 발전해 가는 중국 내 북아트의 흐름을 보는 것만으로도 시간 가는 줄 모른다. 건물 2층에 24시간 운영하는 북 카페가 있다. 북 카페의 음료 가격은 대략 30위엔元대다.

● 종교

쑹·샨·쓰(松山寺, 송산사)

松山寺 [sōngshānsì]
주소: 西岗区唐山街
개방시간: 07:00~15:30

쑹샨쓰는 도심에 자리한 사찰로 당대唐代에 세워졌다. 이곳은 성스러운 불교 성지 중 한 곳이다.

칭·쩐·쓰清真寺

清真寺 [qīngzhēnsì]

주소: 西岗区北京街98-104

다롄의 이슬람 사원 칭쩐쓰清真寺 주변엔 이슬람 음식점과 양꼬치 식당이 즐비하다. 칭쩐쓰 건물 외형은 아랍 양식의 디자인으로, 멀리서도 한눈에 들어오는 독특한 모양새다.

吃 먹으며 즐기는 다롄

다롄의 특색 있는 먹거리

다롄의 맥주: 다롄깐피大连干啤

다롄의 간식: 고구마가 주 재료인 먼쯔焖子

뤼순의 공갈빵: 따탕후어샤오大糖火烧

● 베이징에 왕푸징이 있다면, 다롄엔 티엔찐지에天津街

티엔찐지에天津街는 2005년 CCSC(China Commercial Walking Street Committee)가 중국 유명 상업거리로 선정한 곳이다. 왕푸징의 먹자거리를 축소해 둔 느낌이다.

거리 양편으로 양꼬치를 비롯한 각종 꼬치구이를 파는 가게들과 해산물 식당이 즐비하다.

● 만두 빚는 모습을 보는 즐거움이 있는
칭·흐어·주안·지아清和传家 싼빠광창점

주소: 中山区职工街116-211号

전화: 0411-39853818

가격대: 지아오즈饺子 1인분 8~28위엔元

● 티베트 느낌 물씬 나는 음식점, 거·쌍·메이·두어格桑梅朵

格桑梅朵 [gésāngméiduǒ]

주소: 中山区解放路文化街71号

음식점에 들어서면 신선하고 따뜻한 말 젖을 무료로 제공해 준다. 티베트에 온 듯 인테리어와 음악이 신선하다. 음식은 종류에 따라 30~200위엔元대까지 다양하다. 티베트 음식점이라는 특색을 살리다 보니 커피나 차 종류는 판매하지 않는다. 음식이 사람에 따라선 입맛에 맞지 않을 수 있는데, 그걸 상쇄시켜줄 차를 팔지 않는다는 게 못내 아쉽다.

● 합리적인 가격과 다양한 해산물이 있는 음식점, 황·투·니·샤오·꺼·즈黄土泥烧鸽子

黄土泥烧鸽子 [huángtǔníshāogēzi]

양꼬치 1인분(10개 기준) 10위엔元, 새우꼬치 1인분(13개 기준) 13위엔元, 조개찜 15위엔元 등

黄土泥烧鸽子(창찌앙루점점) 주소: 中山区长江路128号

黄土泥烧鸽子(기차역점) 주소: 中山区长江路128号

黄土泥烧鸽子(카이파취점) 주소: 近郊开发区滨海路30号

● 다롄 그곳, 길 위의 만찬

깐징쯔취甘井子区의 주변 환경을 일부나마 체험해 보기 위해 시산루西山路로 숙소를 옮긴 후 동네 한 바퀴를 돌아보았다. 오래되고 낮은 키의 아파트 단지를 지나자 다롄교통대학大连交通大学이 보였다. 대학이 있어서인지 주변에 조그마한 분식집들과 길거리 음식이 발달했다.

자신 있게 자신의 얼굴을 내걸고 영업을 하는 찌엔빙(煎饼, 전병) 가게를 발견했다. 이상하게도 간판 속 얼굴은 통통한데 실제 가게 주인의 모습은 호리호리했다. 궁금해서 슬쩍 물어보고 싶었지만 사람들이 줄을 서서 씨엔빙 만들기를 기다리는 상황이라 묻기가 좀 민망하였다. 저녁 무렵 다시금 물어보리라 마음먹고 일보 후퇴하였다. 궁금증을 못 참는 성격이어서일까? 저녁 무렵 난 이미 그 가게를 찾아가고 있었다. 마침 아무도 없기에 찌엔빙 하나를 주문하면서 슬쩍 물었다. "저 사진 속 사람이 아저씨 맞나요?" 그는 쑥스러운 표정으로 "아니요."라고 했다. "어, 아저씨 맞는 것 같은데, 난 아저씨가 다이어트한 줄 알았어요." 그는 "닮았어요?"라며 웃었다. "네, 닮았어요. 그럼 체인점이에요?" 그는 그렇다고 했다. 노점처럼 꾸민 가게라 개인이 하나 보다, 생각했는데 체인점이었다.

다롄교통대를 가게 된다면 교통대 맞은편 가게 중 이곳을 찾아보자. 의식(선입견)이 시각을 통제하는 경우가 많다. 실제론 닮지 않았을 수 있다. 하지만 '당연'이라는 선입견에 간판 속 주인공이 다이어트 했다고 여겼을지도 모른다.

터키의 케밥을 중국식으로 변형한 덮밥이다. 중국 특유의 향료와 마요네즈 등 소스를 선택해서 주문할 수 있다. 가격은

8위엔元이다.

"기름기 하나 없이 아주 맛있어요."라며 엄지를 추켜세우니 주인이 행복한 웃음을 지었다. "한국 학생들 많이 와요?"라고 물으니, 개업한 지 얼마 되지 않아서 아직 오질 않는다고 했다. 지금은 한국 학생들이 좀 다녀가니 모르겠다.

● 타 지방의 속 빈 시아파쯔虾爬子는 잊어라

虾爬子 [xiāpázi]: 갯가재

다롄의 시아파쯔虾爬子는 속이 알차기로 유명하다. 다롄이 자랑하는 해산물 중 하나다. 기회가 된다면 해산물 식당에서 시아파쯔虾爬子를 주문해서 먹어 보자. 시아파쯔는 찜으로 익혀서 나온다. 가시가 돋아 있어 벗길 때 아프고 번거롭긴 하다.

하지만 해안 도시의 특산품이니 한 번쯤 맛에 도전해 볼 만하다. 보통 먹자거리에 있는 해산물 식당은 시아오판띠엔小饭店이나 시아오찬관小餐馆[5]이라 부르는데, 이곳에선 양꼬치를 비롯한 꼬치류 외의 생물인 해산물은 시가로 표기하고 시기에 따라 가격이 다르다. 무작정 그들이 주는 대로 '예스맨'이 되지 말자. 해당 해산물의 가격을 확인하고 먹을 만큼만 시키도록 하자. 시아오판띠엔에서 권하는 대로 주문했다간 조금만 시켰다 생각해도 제철 아닌 해산물에 따라 금세 100~200 위엔元이 되기 십상이다.

5 이와 반대로 제대로 된 음식점의 모양새를 갖춘 곳은 따판띠엔大饭店이라 부른다.

● 70~80년대 향수를 자극하는 추억의 음식점, 이칭춘忆青春

주소: 沙河口区红旗东路42号

전화번호: 0411-84211007

교통대에서 택시로 기본요금인 거리에 있다. 합리적인 가격대와 종업원의 친절함이 만족스럽다. 이제는 쉽게 구입할 수 없는 중국의 예전 생활용품들을 접해 보는 기회가 될 수 있다.

음식의 맛은 깔끔하고 기분 좋게 식사할 수 있는 수준이다.

● 한국 음식이 너무 그립다면, 한뚜(韩都, 한도)

주소: 中山区五五路49-1号

우우루五五路에 위치한 불고기 전문점이다. 참숯을 사용하고 인테리어나 상차림도 나름 정갈하다. 종업원의 서비스는 개인적 역량에 따라 편차가 있다. 기본적으로 약 200위엔元(2인 기준) 가량은 소요된다.

● 다롄의 커피숍

훼이성슈띠엔十五库回声书店

주소: 港十五库南一门2楼

전화번호: 0411-82622862/영업시간: 10:00~23:30

15쿠에 위치한 북 카페로, 바다가 보이는 전망이 좋다.

Amici coffee

주소: 中山区友好路105号

전화번호: 400-68-27278/영업시간: 08:00~22:00

이곳에서 제공하는 물엔 란상쯔兰香子[6] 가 들어있다.
곰팡이가 아니니 걱정하지 말자.

6 바질 씨앗.

Missing Cat

주소: 星海广场F区星海大观A座7-6号

전화번호: 0411-88145533/영업시간: 10:00~21:30

가격: 아메리카노 25위엔元, 카푸치노 30위엔元 등

개인이 운영하는 씽하이광장에 위치한 커피숍이다. 숍의 바리스타들은 열정적이고 친절하다. 주인장은 중국 바리스타 대회에서 2위를 수상한 경력도 가지고 있다.

Wonderful Time

주소: 沙河口区黄河路829号

전화번호: 0411-66893068/영업시간: 10:00~23:00

찌아통따슈에(交通大学, 교통대) 도로 맞은편에 위치한 메이드 카페다. 카페 주인이 키우는 하얀 털이 복스러운 그레이트 피레니즈가 손님을 반긴다.

女仆咖啡(nǚpúkāfēi, 뉘푸카페이: Maid Coffee)

주소: 中山区吉庆街33号

영업시간: 11:00~19:00

일본 애니메이션에 나올 법한 하녀 복장을 한 종업원들이 반갑게 맞아 준다. 음식 가격도 비싼 편이 아니다. 밀크티 20위엔元, 샌드위치 20~25위엔元이다. 특색 있는 카페에서 잠시 쉬어 가고 싶다면 한번 들러 볼 만하다.

가로수길에 위치한 케이크 전문점, MEIKI

수소: 西岗区高尔基路水仙花园53号
영업시간: 09:00~21:30

이 케이크 전문점은 일본 호텔에서 근무했던 파티시에가 운영한다. 케이크 가격대는 다른 케이크 판매점보다 비싼 편이다.

남산길에 위치한 커피&베이커리점, Vivian's Cakes&Cafe

주소: 中山区七七街109号

영업시간: 09:30~18:30

난샨펑칭이타오지에南山风情一条街 구역인 치치지에109호七七街109号에 위치한 베이커리 카페다. 잘 정돈된 유럽풍 주택가에 있고, 한적하게 커피와 부드러운 빵을 즐기기에 좋다.

找 과거와 만나는 다롄

1~7번: 다롄문물보호단위로 지정, 관리되고 있음.

8: 전국문물보호단위로 지정, 관리되고 있음.

1. 옛 관동도독부 우편전신국关东都督府邮便电信局旧址

주소: 중산구 중산광장 10호/中山区中山广场10号

1925년 건설되었으며 일제강점기 관동도독부 우편전신국으로 사용하였던 건물이다. 현재 요녕성 우정공사 다롄지사가 사용하고 있다.

2. 옥광가 기독교 교회基督教玉光街教堂

주소: 중산구옥광가2호/中山区玉光街2号

1928년 건설된 고딕 양식 건축물이다. 현재도 교회로 사용되고 있다.

3. 옛 중국은행 다렌지점中国银行大连支行旧址

주소: 중산구 중산광장 7호/中山区中山广场7号

1909년 건설되었으며 일제강점기 중국은행이 사용하던 건물이다. 현재 중신은행中信银行이 사용하고 있다.

4. 옛 서해동의 거처徐海东居所

주소: 서강구 문화가 75호/西岗区文化街75号

1930년에 건설된 유럽식 건축물이다. 일제강점기 일본 군부의 별장으로 사용되었던 곳이며 그 후 서해동 대장이 요양하기도 했다. 서해동 대장은 항일전쟁 중 군사령관으로 활약했던 인물이다. 이 건물은 현재 커피숍이 사용하고 있다.

5. 옛 HSBS은행英国汇丰银行旧址

주소: 중산구옥광가61호/中山区玉光街61号

1925년 건설되었으며 HSBS은행이 있던 자리다. 1980년대 다렌시 기록보관소로 사용되다 현재 공상은행이 사용하고 있다.

6. 옛 다롄거래소大连交易所旧址

주소: 중산구항만가1호/中山区港湾街1号

1919년 건설되었으며 다롄거래소가 있던 건물이다. 현재 다롄은행이 사용하고 있다.

7. 옛 다롄 중국세관大连中国税关旧址

주소: 중산구인민로86호/中山区人民路86号

1915년 완공되었으며 일제강점기 당시 중국세관 건물이다.

8. 옛 대화호텔大和旅馆旧址

주소: 중산구 중산광장 4호/中山区中山广场4号

1914년에 건설된 대화호텔 건물이다. 르네상스 후기 건물 양식을 하고 있다. 현재 다롄호텔이 사용하고 있다.

다렌 여행 **마무리 팁**

● 시내버스로 다렌 공항가기

710번 버스를 탄 후 공항机场 정류장에서 내린다. 시내버스 진행 방향으로 조금만 걸어 올라가면 난린루南林路가 나온다.

난린루 우측 방향으로 꺾어 직진하다 보면 공항이 보인다.

● 여유롭게 공항 도착하기

다롄공항의 항공사 체크인 카운터는 출국장 1차 보안대를 통과한 후에 있다. 항공사마다 조금씩 다르나 대개 체크인 수속은 탑승 2시간 전부터다. 때론 1시간 30분 전이 되어서야 체크인 수속을 시작하기도 한다. 굳이 서둘러 공항에 가려 할 필요는 없다.

뤼순 편

과거의 손짓, 뤼순旅顺

다롄외국어대학에 다니는 '인한'은 뤼순旅顺에서 부득불 내가 묵고 있는 호텔까지 오겠다 했다. 시 외곽이다 보니 다롄 시내로 나오는 게 번거로운데도 이방인을 위한 배려심이 남달랐다. 미안함에 "진짜 괜찮겠냐?"를 연발했다. 베이징 친구가 마음씨 넉넉한 다롄 토박이 한 명을 소개해 줬다. 그녀에게 첫인사를 건네면서 "인한시아오지에, 만나서 반갑습니다."라고 인사말을 건넸다.

그녀는 멋쩍어 하면서 시아오지[7]에는 옛날 호칭이라며 부르지 말라 했다. 내가 몰라서 그렇게 부른 게 아니었다. 초면이라 서먹한 분위기를 바꿔 보고 싶어서 농담 미끼를 던진 건데, 덥석 물었다. 덕분에 시아오지에 대한 이런저런 이야길 하면서 대화를 이어 갔다. 인한은 더군다나 같은 학과 친구인 또 한 명의 다롄 토박이까지 소개해 주었다. 그들과 대화를

7 중국에선 가깝지 않은 사이의 여자를 부를 때 이름과 함께 시아오지에小姐라 부르곤 한다. 하지만 식당 등에서 종업원을 부를 때 시아오지에라 부르면 실례니 유의해야 한다. 과거 중국에서 몸을 파는 여자를 시아오지에라 불렀던 문화적 배경 때문이다. 종업원을 지칭하는 푸우위엔服务员이라 부르면 된다.

통해 내가 알고 있는 뤼순의 정보가 극히 일부였다는 사실을 깨닫고 뤼순행을 결정했다.

뤼순旅顺은 공식적으로 '뤼순코우旅顺口'라 불린다. 안중근의사가 서거한 르어찌엔위찌어우즈日俄监狱旧址가 있는 다렌시 외곽이다. 일제강점기 우리가 익히 알고 있는 난징따투사(南京大屠杀, 남경대학살)로 난징에서 민간인 30만 명 가량이 일본에 의해 학살된 아픔이 있는 것처럼, 뤼순도 3만 명 가량의 민간인이 학살된 아픔을 간직하고 있다. 예전엔 뤼순과 다렌을 합쳐 뤼따스旅大市라 불렀다.

다롄역과 헤이스찌아오黑石礁 버스터미널에서 뤼순행 버스로 갈 수 있다.
(다롄역-뤼순: 약 1시간 30분, 헤이스찌아오-뤼순: 약 1시간)

뤼순은 다롄의 시 외곽이다 보니 다롄 시내권보다 저렴한 호텔이 많다. 수준은 여관 정도인 곳이 대부분이다. 그리고 아직 외국인이 뤼순에서 숙박하기는 번거롭다. 외국인 숙박이 불가능한 곳이 상당수며 숙박이 가능하다 해도 먼저 인근 파출소에 숙박 관련한 등록을 하고 체크인을 하거나, 호텔 관계자와 함께 파출소에 동행해서 숙박 관련 등록을 해야 하는 등 절차가 번거롭다.

● **쮠·강·요우·위엔**军港游园

军港游园 [jūngǎngyóuyuán]
주소: 旅顺口区 黄河路10号白玉山南侧
입장료: 10위엔元

쮠강요우위엔(군항유원)은 1985년에 완공되었으며, 백옥산 남쪽에 자리 잡고 있다. 바이위샨찡취(백옥산전망대)와 쮠강요우위엔을 한 코스로 묶어 구경하는 걸 추천한다. 쮠강요우위엔을 둘러 본 후 바이위샨 정상에서 군항을 전체적으로 바라보면 꽤 흥미롭다.

바이·위·샨·찡·취(白玉山景区, 백옥산전망대)

白玉山景区 [báiyùshānjǐngqū]
주소: 旅顺口区九三路
입장료: 40위엔元

백옥산 전망대엔 러일전쟁 후 일본이 승전을 기념하며 1907년부터 1909년, 약 2년여에 걸쳐 중국인 2만여 명을 동원해 세운 탑이 있다. 현재 이 탑은 바위샨타白玉山塔라 부른다.

● **뤼·순·하이·쥔·삥·치·관**(旅顺海军兵器馆, 뤼순 해군병기관)

旅顺海军兵器馆 [lǚshùnhǎijūnbīngqìguǎn]

주소: 白玉山(백옥산) 전망대 인근

1950년대부터 70년대까지 해군이 사용했던 탱크, 군함, 미사일 등이 전시되어 있으며, 이와 별도로 군사 관련 전시장이 운영되고 있다.

● 추앙·꽌·똥 잉·스·찌·띠(闯关东影视基地, 추앙꽌똥 영화&TV 촬영소)

闯关东影视基地 [chuǎngguāndōngyǐngshìjīdì]

주소: 旅顺口区三里桥村寺沟路369号

입장료: 40위엔元

추앙꽌똥 촬영소는, 영화 <闯关东>[8]을 찍기 위해 2008년에 세워진 후 각종 영화와 드라마 촬영 세트장으로 사용되고 있다.

8 중국 CCTV에서 방영한 산동 사람의 동북 개척 이야기를 그린 52부작 드라마이다.

● **칭·따이·하이·팡·빠오·타이**(清代海防炮台, 청나라해안포대), **난·쯔·탄·쿠**南子弹库

清代海防炮台 [qīngdàihǎifángpàotái], 南子弹库 [nánzitánkù]

주소: 旅顺口区黄金街, 입장료: 20위엔元

청대 해안포대는 뤼순의 황금산 정상에 1885년 완공, 설치되었다. 러일전쟁 당시 이곳은 주요한 전쟁 요충지의 역할을 하기도 했다.

● 뤼·순·셔·보·우·관(旅顺蛇博物馆, 여순 뱀 박물관)

旅顺蛇博物馆 [lǚshùnshébówùguǎn]

주소: 旅顺口区新华大街, 입장료: 38위엔元

여순 뱀 박물관은 최대한 자연과 유사한 형태의 실내를 조경한 곳으로, 뱀을 비롯한 다양한 파충류를 전시한다. 전시장 출구엔 뱀 관련 상품 매장들이 마련되어 있다.

선양편

랴오닝성의 성도, 선양沈阳

선양은 다롄에서 고속철로 약 3시간 거리에 위치한 랴오닝성(辽宁省, 요녕성)의 성도省都[9]다. 선양은 청나라 초기 정치와 문화의 중심지였으며 역사적으로 2,600여 년간 이어져 온 도시다. 이 도시를 방문하기로 마음먹으면서 구꽁故宫은 반드시 들러야 할 곳이었다. 규모 면에선 베이징의 자금성보다 12분의 1밖엔 되지 않지만, 마지막 황제 푸이傅仪가 잠시라도 거처했던 곳이 아니던가? 영화 <마지막 황제, 1987년>에 대한 희미해진 기억을 몇 장 꺼내 볼 수 있는 기회기도 했다. 선양 출신인 우총에게 꼭 가 봐야 할 선양의 여행지를 물었다. 그녀에게서 구꽁故宫과 함께 타이위엔지에太原街, 베이링꽁위엔北陵公园을 추천받았다.

다롄에 장기간 머물렀던 게 익숙해서였는지 다른 도시로 가기 위해서 기차에 앉아 있는 내 모습이 영 익숙하지 않았다. 이런 기분도 잠시, 어느새 기차는 선양역에 도착했다. 우총이

---

9 성도는 성 정부소재지를 의미한다.

선양의 보물은 인삼, 녹용이라 했는데 이번 선양 여행에서 이것들도 살펴볼 수 있으니, 좋은 기회였다.

● 선양의 거리 풍경

5월의 선양 바람은 온갖 먼지를 품은 무미건조함, 그 자체였다. 길을 가면서 나도 모르게 숨을 잔뜩 참곤 했다. 선양은 어느 도시와 마찬가지로, 잘 정비된 도로와 엉성하게 갖춰진 도로가 공존한다. 특히 자동차들이 먼지바람을 일으키며 잘 정비되지 않은 도로를 달릴 땐, 마스크를 미리 준비하지 않았음에 후회를 했다.

폴 써로우의 『중국 기행』이나 고우영의 『좌충우돌 세계 여행기—중국편』에서 그들이 마주했던 선양의 모습은 이제 과거 속의 선양이다. 하늘을 찌를 듯한 고층 건물들과 북적이는 대도시의 활발함은 선양이 랴오닝성의 성도임을 실감하게 했다.

선양에서 머물 호텔은 선양 중심가를 기준으로, 동쪽과 서쪽에 위치한 두 곳의 호텔이었다. 미국의 유명한 여행 작가 폴 써로우(Paul Theroux)가 묵었던 '컨트리 가든 피닉스 호텔'에 묵고 싶었으나, 시 중심에서 벗어난 위치라 내 여행 계획과 동선이 맞질 않아 포기했다.

선양을 떠나기 하루 전, 비가 추적추적 내렸다. 꽤 많이 내리는 비에 먼 곳까지 가 보려 했던 계획은 취소하고 호텔에서 가까운 루쉰꽁위엔(鲁迅公园, 루쉰공원)을 한 바퀴 걸었다. 루쉰鲁迅은 1918년 중국 최초의 현대 소설인 『광인일기狂人日记』부터 1921년 발표한 『아Q정전阿Q正传』까지 중국현대문학의 기초를 다진 인물로 평가받고 있다. 그는 글을 통해 인간의 잘못된

행태에 대한 비판을 가했다. 특히 지식인들에 대한 비판이었다. 루쉰을 기리는 루쉰꽁위엔은 선양뿐 아니라 상하이, 칭다오 등에 조성되어 있다.

우산을 쓰고 조심히 한발씩 내딛는다 해도 축축이 젖어 오는 신발에 마지막 선양에 대한 기억의 조각인 루쉰꽁위엔의 사진은 남기질 못한 채 이내 호텔방으로 들어와 버렸다.

랴오·닝·광·뽀어·띠엔·스·타(辽宁广播电视塔, 랴오닝TV타워)

辽宁广播电视塔 [liáoníngguǎngbōdiànshìtǎ]

주소: 和平区彩塔街1号

입장료: 성인 50위엔元

2015년 기준, 위챗(wechat)으로 회원증을 발급받는다면 입장료를 20위엔元으로 할인해 주는 행사가 진행되고 있다. 회원가입 시 중국 내 휴대폰 번호로 인증받아야 하니 참고하자.

짧은 일정 동안 해당 지역을 여행하는 경우, 도시를 한눈에 조망해 볼 수 있는 곳에서 그 도시의 대략적 모습을 눈에 담는 것부터 시작한다. 이런 이유로 선양에 도착해서 가장 먼저 들린 곳이 랴오닝TV타워였다. TV타워 바로 옆은 칭니엔꽁위엔(青年公园, 청년공원)이다.

선양에 대한 낮과 밤의 풍경을 모두 눈에 담고자 랴오닝TV타워를 두 번 방문했다. 저녁 무렵 시삔흐어루西滨河路를 따라 걸으며 점점 가까워지는 랴오닝TV타워는, 도심을 밝혀 주는 곧게 솟은 초와 같았다. 밤이면 TV타워의 곱게 단장한 불빛이 공원 호수에 비치는데, 그 모습이 아름답다.

칭·니엔·꽁·위엔(青年公园, 청년공원)

青年公园 [qīngniángōngyuán]

칭니엔꽁위엔은 1958년 개장하였다. 호젓한 나무숲과 함께 인공호수를 조성해 놨다.

저녁이 되면 산책을 나온 주민들과 먹거리 노점상으로 북적인다.

꾸·꽁(故宫, 고궁)

故宫 [gùgōng]

주소: 沈河区沈阳路171号

입장료: 60위엔元

운영: 08:30~17:30(4월 10일~10월 10일), 09:00~16:30(10월 11일~4월 9일)

매주 월요일은 오전 휴관, 13:00 이후 개관

많은 사람들이 중국의 고궁하면 베이징의 자금성을 떠올린다. 선양꾸꽁(沈阳故宫, 심양고궁)은 누르하치가 청나라를 세우면서 초기 도읍의 황궁으로 건설을 시작하여, 총더 2년崇德2年(1637년)에 완공되었다. 이후 베이징으로 천도하면서 베이징의 자금성이 황궁의 역할을 담당하게 되었다.

높다란 붉은 담장이 고궁을 에워싸고 있다. 궁 밖으로 난 잘 정비된 길엔 기념품 가게와 식당들이 즐비하게 들어서 있다.

선양 꾸꽁은 크게 똥루东路, 쭝루中路, 시루西路라는 명칭으로 동쪽, 중앙, 서쪽의 세 영역으로 나뉜다.

따·쩡·띠엔(大政殿, 대정전)

大政殿 [dàzhèngdiàn]

따쩡띠엔은 꾸꽁의 건축물 중 가장 주목받는 곳으로 동쪽 영역의 중앙에 위치한다. 팔각지붕 형태를 띠고 있어, 청대清代엔 이곳을 빠지아오띠엔八角殿, 팔각전이라고도 불렀다. 따쩡띠엔의 총 높이는 약 21m 가량 된다.

따쩡띠엔의 정문 기둥 양쪽으로 용들이 정교하게 조각되어 있다.

쪼우·위에·팅奏乐亭

奏乐亭 [zòuyuètíng]

쪼우위에팅奏乐亭은 구꽁의 동쪽 영역에 세워진 음악을 연주하던 정자다. 중요한 행사를 열거나 황제가 똥루를 방문할 시 연주를 하였다. 정자는 지면에서 2m가량 띄워 올렸고, 연주자들은 계단을 통해 정자를 올라갈 수 있었다.

펑·후앙·로우(凤凰楼, 봉황루)

凤凰楼 [fènghuánglóu]

꾸꽁의 성문이었던 펑후앙로우다. 총 3층 규모로 지어졌으며 꾸꽁에서 가장 높은 건물이다. 이곳에 올라가 바라보는 꾸꽁의 모습이 아름답다.

꾸꽁 내 다양한 구조물들.

베이링꽁위엔(北陵公园, 북릉공원)

北陵公园 [běilínggōngyuán]

주소: 皇姑区泰山路12号

공원 입장료: 6위엔元, 칭짜오링清昭陵 입장권(공원 입장 포함): 50위엔元

운영: 06:00~18:00

베이링꽁위엔은 선양에서 가장 큰 공원이다. 청나라 2대 황제, 태종 후앙타이지皇太极의 묘와 함께 주변을 공원으로 조성한 곳이다.

베이링꽁위엔의 풍경.

스파이팡石牌坊

파이팡牌坊은 아치를 뜻하는 말로, 스파이팡은 중국 특유의 석조 건축물로 문짝이 없다는 특징이 있다.

쩡홍먼正红门

쩡홍먼은 세 개의 문으로 되어 있으며, 가운데 문은 선먼(神门, 신의 문)이라 부르고, 동쪽 문은 쥔먼(君门, 임금의 문)이라 하며, 서쪽 문은 천먼(臣门, 신하의 문)이라 명명하였다.

룽은먼隆恩门

능의 중앙으로 들어가기 위한 정문이다. 룽은먼을 지나 들어가면 능을 에워싸고 있는 팡청方城 위에 올라 주변을 둘러볼 수 있다.

베이링의 내부.

선·양·짠(沈阳站, 선양역)

沈阳站 [shěnyángzhàn]

선양에 도착한 날 역내에서 지하철로 바로 이동하느라 역사를 구경할 틈이 없었다. 다롄으로 돌아가는 역은 선양북역沈阳北站이다 보니 오랜 세월 운영되고 있는 건축물을 못 봤으면 한동안 꽤 아쉬울 뻔 했다.

선양역沈阳站은 1910년 본격적인 운영이 시작되었다. 일본인 건축가 다스노긴꼬의 제자들이 설계했는데, 다스노긴꼬가 설계한 도쿄역과 닮았다.

일제 강점기 선양역은 일본이 동북지역에서 강탈한 전략 물자를 다롄항으로 옮겨 일본으로 반출시키는 거점 역할을 했다. 철도는 선양을 중심으로 남으로 다롄과 뤼순, 북으로 창춘까지 이어졌다. 이곳은 일제 강점기 선양의 굴곡진 역사를 모두 바라봤을 것이다.

쭝·지에中街

쇼핑도 하고 늦은 점심을 해결할 겸 지하철을 타고 쭝지에로 향했다. 쭝지에는 400년 가까이 이어져 오면서 선양 상업 발전의 한 축을 담당하고 있다. 쭝지에뿌싱지에(中街步行街, 중가 보행자거리)에 들어서는 순간 베이징의 왕푸징王府井이 떠오른다. 길 양쪽으로 늘어선 대형 쇼핑몰과 함께 다양한 먹거리, 그리고 보행자거리의 분위기 등이 닮았다.

타이·위엔·지에(太原街, 태원가)

선양역沈阳站 근처 태원가 보행자거리太原街步行街다. 선양의 주된 쇼핑거리 중 한 곳이나, 쫑지에보다 번화한 인상은 받지 못했다. 선양역에서 기차를 기다리면서 잠시 둘러볼 만하다.

● 선양의 개성 있는 건축물

찐·시아·광창(金厦广场, Golden Plaza)

찐시아광창은 높이 92m, 총 21층이다. 밝은 미래를 두 손으로 떠받들고 있는 모습을 형상화했다.

주변 경관을 헤치지 않고 그 모습이 혐오스럽지 않다면, 건축물은 그 도시의 한 이미지를 구축할 수 있다. 잠시 들렀던 여행객이 시간이 지난 후 그 도시를 떠올릴 때, 기억을 여는 열쇠가 건축물이 된다면 그것으로 그 건축물의 디자인은 성공한 게 아닐까?

팡·위엔·따·샤方圆大厦

팡위엔따샤의 엽전 모양을 한 외관이 눈길을 끈다. 2012년 CNN에서 선정한 '세계 10대 추한 건축물' 중 하나로 선정되기도 했다.

티엔쯔따지어우띠엔天子大酒店, 우리양에따샤五粮液大厦와 함께 중국 내 독특한 외관의 3대 건축물 중 하나다. 팡위엔따샤는 총 높이 99.75m의 24층 건물이다.

팡위엔따샤의 디자인은 입주한 업체들의 사업이 번창하길 바라는 마음으로 엽전(중국어로 古钱币) 모양을 형상화하였다.

팡위엔따샤는 사람마다 시각의 차이로, 추한 건축물로 선정되기도 했고 또 독특한 개성을 지닌 건축물로 선정되기도 했다. 정작 중요한 건 여행객 본인이 받아들이는 첫 느낌이겠다.

● 선양의 길거리 음식

각종 꼬치를 기름에 튀겨 각 재료에 맞는 소스를 뿌려 먹는 자추완炸串이다. 자炸는 '기름에 튀기다'는 뜻이다. 꼬치 종류에 상관없이 무조건 1위엔元에 파는 이 집은 선양에 머무는 동안 나에겐 단골 꼬치집이었다.

부록

다롄 여행지 목록(병음 가나다 순)

가

광띠엔쫑신广电中心

주소: 沙河口区同泰街95之2-3号

나

난샨펑칭이티아오지에南山风情一条街

주소: 中山区 일대

다

다롄구어지휘이이쫑신: 국제회의센터大连国际会议中心

다롄광뽀어띠엔스타大连广播电视塔

다롄 기차역大连火车站

주소: 中山区长江路259号

다롄쯔우위엔大连植物园

주소: 中山区望海街39号

다롄뉘치징찌띠大连女骑警基地

다·롄·우·슈·원·화·보·우·관: 다롄무술문화박물관大连武术文化博物馆

주소: 西岗区滨海北路1号

다롄이슈잔란관: 다롄예술전람관大连艺术展览馆

주소: 西岗区胜利街35号

띠알스쓰쭝슈에(第二十四中学, 제24중학)

주소: 中山区解放路217号

라

라오똥꽁위엔: 노동공원劳动公园

주소: 中山区解放路5号

라오·후·탄(老虎滩海洋公园, 노호탄 해양공원)

주소: 中山区滨海中路9号

런민광창: 인민광장人民广场

주소: 西岗区人民广场

런민원화쮜러뿌人民文化俱乐部

주소: 中山区中山路552号中山广场8号

바

바이니엔청띠아오百年城雕

주소: 沙河口区中山路572号星海广场

빵추에이다오 펑징취棒棰岛宾馆风景区

주소: 中山区迎宾路1号

베이따치아오北大桥

사

셩리광창: 승리광장胜利广场

주소: 中山区中山路胜利广场

신화슈띠엔: 신화서점新华书店

주소: 中山区同兴街69号

스우쿠15库

주소: 中山区港湾广场에서 100m

씽하이광창星海广场

주소: 沙河口区中山路572号星海广场

썬린똥우위엔森林动物园

주소: 西岗区南石道街迎春路60号

쏭샨쓰松山寺

주소: 西岗区唐山街

아

아오린피커광창: 올림픽광奥林匹克广场

주소: 西岗区奥林匹克广场

어루어쓰펑칭지에: 러시아거리俄罗斯风情街

주소: 西岗区胜利桥北

얼통꽁위엔儿童公园

주소: 中山区南山路199-1号

옌워링燕窝岭

요우하오광창: 우호광장友好广场

주소: 中山区

위런마토우: 어인부두鱼人码头

주소: 中山区滨海中路13号 인근

잉시옹지니엔꽁위엔: 영웅기념공원英雄纪念公园

주소: 西岗区纪念街98号

자

쭝샨꽁위엔: 중산공원中山公园

주소: 联合路62号

쭝샨광창中山广场

주소: 中山区

쯔란보우관自然博物馆

주소: 沙河口区黑石礁西村街40号

차

칭쩐쓰清真寺

주소: 西岗区北京街98-104

파

푸찌아쭈앙꽁위엔付家庄公园

주소: 西岗区滨海西路53号

다롄 호텔&게스트 하우스 목록(ABC 순)

호텔

Baolian Hotel大连保联大酒店

주소: 西岗区黄河路4号

전화번호: 0411-83655790

Bestay Hotel百时快捷酒店

주소: 中山区港湾街3号

전화번호: 0411-39573456

Dalian Sea Horizon Hotel大连海天白云大酒店

주소: 西岗区滨海西路81号

전화번호: 0411-39907777

Hanting Hotel 해양대학점汉庭酒店大连海事大学店

주소: 沙河口区凌河街1号(凌河街与黄浦路交汇处)

전화번호: 0411-84664777

Household Theme Hotel 联惠居家主题酒店

주소: 西岗区黄河路259号

전화번호: 0411-83623569

Honglin Hotel鸿霖大酒店
주소: 中山区天津街299号
전화번호: 0411-82500409

Ibis Hotel 싼빠광창점宜必思三八广场店
주소: 中山区五五路49号
전화번호: 0411-39865555

Jinjiang Inn 러시아거리점锦江之星俄罗斯风情街店
주소: 沙河口区团结街20号
전화번호: 0411-88105588

Jinjiang Inn 시샨지에점锦江之星西山街店
주소: 沙河口区西山街238号
전화번호: 0411-39798999

게스트 하우스

Uniloft Hostel联合庭院青旅酒店
주소: 西岗区 黄河路英华街17号
전화번호: 0411-83697877

Tiantian International Youth Hostel天天青年旅舍
주소: 沙河口区华北路235号
전화번호: 0411-84442458

참고 문헌 및 웹사이트

- 황석영, 『바리데기』, 창비.
- 폴 써로, 『폴 써로우의 중국 기행』, 푸른솔.
- 첸란, 『웰컴 투 차이나』, 책이있는마을.
- 고우영, 『고우영 좌충우돌 세계여행기 중국편』, (주)자음과 모음.
- 最大连, 『藏羚羊旅行指南编辑部』, 人民邮电出版社.
- 沈阳故宫, 『佟悦』, 辽宁民族出版社.
- 서성, 『한권으로 읽는 정통 중국문화』, 넥서스.
- 다케우치 미노루, 『가면을 벗어던진 중국인 중국 문화 이야기』, 아주좋은날.
- 이유진, 『상식과 교양으로 읽는 중국의 역사』, 웅진지식하우스.
- 패트리샤 버클리 에브리, 『케임브리지 중국사』, 시공사.

- http://baike.baidu.com/link?url=L8gRSgGEgbYrxYGvfVv2QgT4bXcwGBOQoqQfH5DhleZC8hnN-T4h36ZtB43plB6RPtL8YRumqHPYAjHh0XpqQGmqNuAEasteJGxWuelYhtC
- http://baike.baidu.com/subview/5778/7214083.htm
- http://www.lssdjt.com/6/1/SunZhongShanLingJiuYouBeiPingYiZhiNanJingZhongShanLing.html
- http://blog.sina.com.cn/s/blog_5a35bd780100yiyo.html
- http://www.xzts.dl.gov.cn/info/5880_15424.htm
- http://baike.baidu.com/link?url=2lBhks5HyLbpJOu850G-u4ZVwXVirAWEP_PcrjUmRhSV0h1MXqvul7iUkCFFG6aPyNarwCwlsUr5V9cpxr7hna
- http://baike.baidu.com/item/15%E5%BA%93
- http://www.fjdh.cn/ffzt/fjhy/ahsy2013/07/093224266664.html
- http://baike.baidu.com/link?url=O0Eh8S5Z7IXApoJRtgY6QJOXVxkUoTsVN99kkiIt07-ly_xsgG0fbj6Q5Add64zW5yvnYTqhUozowZTtB8HgQa
- http://baike.baidu.com/item/%E5%A4%A7%E8%BF%9E%E5%B8%82%E6%B8%85%E7%9C%9F%E5%AF%BA